JN111307

末期腎不全のネコのAIM投与例①

キジちゃん（15歳♂、IRISステージ4、AIM10㎎静脈投与）

■AIM投与後7日目

「余命1週間」と言われ、寝たきりで自分で食事をとることができなかったのだが、AIM投与後に起き上がって動き回った。

https://youtu.be/zjBNL2NvVeY
動画提供：岡田ゆう紀氏
※動画の無断転用を禁止します。

AIM投与による顕著な効果

- 全身の症状の著しい改善
- 食欲の増進と体重の増加
- 全身の炎症の低下
- 貧血の改善

	AIM投与前		AIM投与後7日後
Cre（腎機能マーカー）	8.5	→	**7.9**
SAA（炎症マーカー）	128	→	**1.8**
RBC（赤血球$10^4/\mu\ell$）	398	→	**563**
体重（kg）	3.5	→	**4.0**

末期腎不全のネコのAIM投与例②

てとちゃん（13歳♂、IRISステージ4、AIM10㎎静脈投与）

■AIM投与前

全身が痩せていて、足もとが少しふらついている。

https://youtu.be/Ao2ncMrFV0Y
動画提供：手塚哲志氏
※動画の無断転用を禁止します。

■AIM投与後7日目

食欲旺盛に自分で食事をとっている。

https://youtu.be/9dt37rUNKCc
動画提供:手塚哲志氏
※動画の無断転用を禁止します。

AIM投与による顕著な効果

・全身の症状の著しい改善
・食欲の増進と体重の増加
・全身の炎症の低下

	AIM投与前		AIM投与後7日後
Cre(腎機能マーカー)	10.5	→	**7.4**
SDMA(腎機能マーカー)	66	→	**55**
SAA(炎症マーカー)	128.5	→	**1.7**
体重(kg)	2.0	→	**2.5**

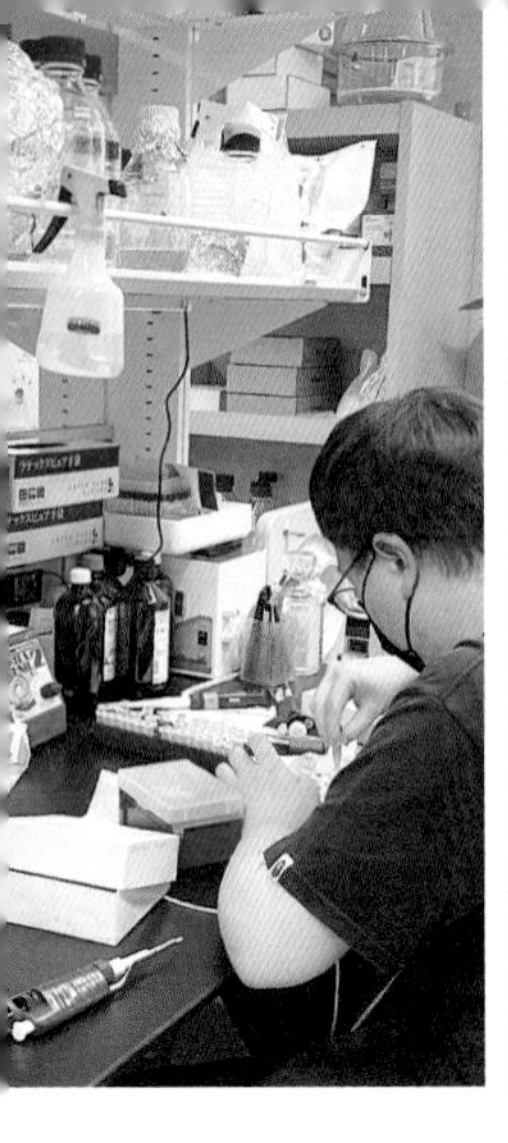

AIMの研究によって、
ネコの腎臓病だけでなく、
いままで〈治せない〉とされてきたヒトの病気の治療にも
明るい展望が見えてくる。

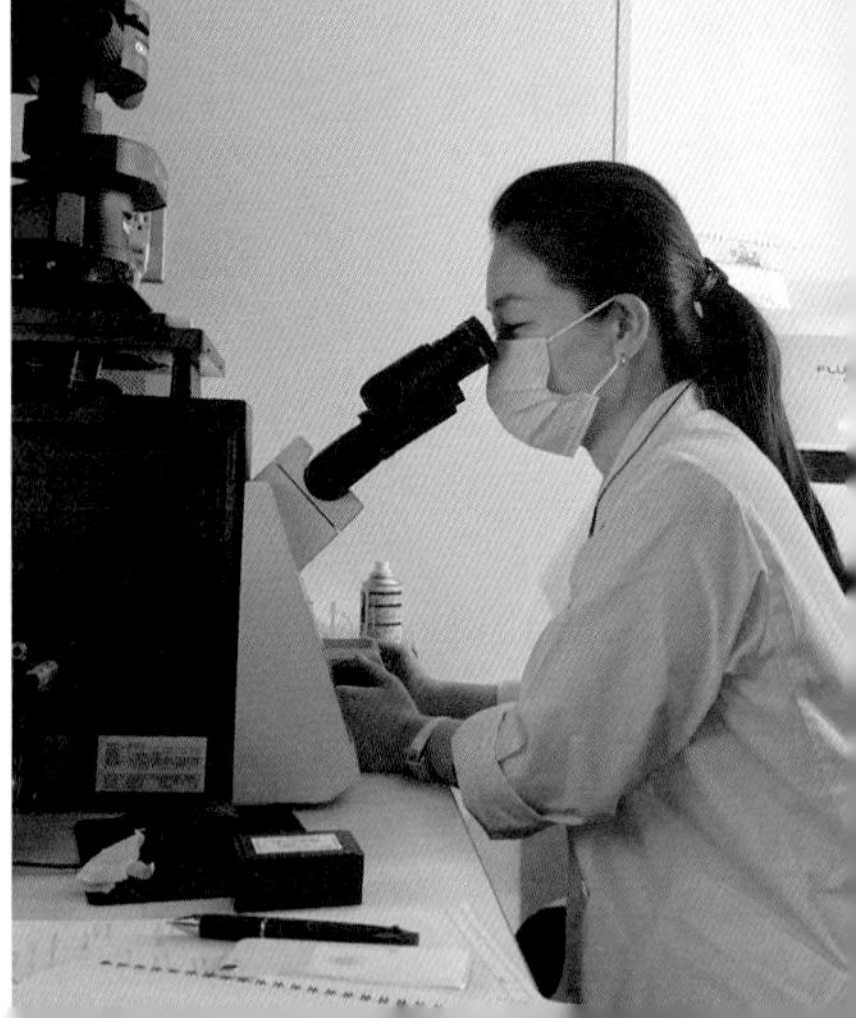

猫が30歳まで生きる日

治せなかった病気に打ち克つタンパク質「AIM」の発見

宮崎徹
東京大学大学院医学系研究科 教授

時事通信社

はじめに――ヒトの医者、ネコの薬に挑む

本書は、いまの医療では〈治せない〉と言われている病気を治すことができる分子、「ＡＩＭ（Apoptosis Inhibitor of Macrophage）」の発見と、それを現実の医療に活かすための研究の過程をまとめたものだ。

筆者である私は、ヒトの病気を治療する医者である。それなのに、なぜタイトルが『猫が30歳まで生きる日』なのか。それは、ＡＩＭを病気の治療に活用できる最初のケースが、ネコの腎臓病だったからだ。

ネコを飼った経験のある方の多くはご存じだと思うが、ほとんどのネコは老齢になると腎臓病にかかり、その多くは長く苦しんだ末に亡くなる。このことは、ネコを愛する方にとっては、避けられない悲しい事実であろう。

そして、なぜここまでたくさんのネコが腎臓病になるのか、獣医学の世界では長らく謎だった。

実は、ヒトにとっても腎臓病は〈治せない病気〉で、多くの患者さんが苦しんでいる。ところが、ヒトとネコのＡＩＭの研究を並行して進めているうちに、これまで誰もが〈治せない〉と信じてきた腎臓病に、治せる可能性が見えてきた。

しかも、ＡＩＭはヒトとネコの腎臓病だけでなく、ヒトのアルツハイマー型認知症や肝臓癌(がん)、メタボリックシンドロームなど、多くの病気を治す可能性を持つことがわかってきた。

ヒトの医療で新しい治療法を実用化するには、長い時間がかかる。一方、ヒトよりも成長や老化のスピードが速いネコは、新しい薬剤を作り、その効果や安全性を確認する時間がはるかに短くてすむ。

しかも、目の前には腎臓病で苦しむネコがたくさんいる。「それなら、まずネコの腎臓病治療薬から作ろう」と考えたというのが、本書の大まかなストーリーである。

ただ、私はヒトの医者であって、薬剤の開発者でもない。新規に開発した薬剤を全国のネコに使ってもらえるだけの量を製造し、それを流通させることは巨大なビジネスになる。実業の世界でなんの経験もない私にとって、高いハードルがいくつも待ちかまえていた。

それでも、多くの方の理解と協力で、ネコの腎臓病治療薬の実用化が目の前に見えてきていた。そこに新型コロナウイルスの感染拡大が世界規模で起こり、足踏みを余儀なくされている（一方、新型コロナウイルスによる重症化を防ぐために、ＡＩＭを活用する研究もできるようになった）。

いま本書を通じて世に問いたいのは、ＡＩＭの研究によって、ネコの腎臓病だけでなく、いままで〈治せない〉とされてきたヒトの病気の治療に、明るい展望が見えてきたということだ。

それを実証するには、ネコの腎臓病治療薬を実用化させせなければならない。

腎臓病を治せるようになれば、ネコの寿命は現在の2倍、30歳程度まで延びる可能

性がある。そして何よりも、多くの飼い主（オーナー）さんたちは、長く苦しむ愛猫の姿を見なくてすむようになる。

そうした世界を早く実現するためにも、できるだけ多くの方々にAIMがどんな分子で、その活用がヒトとネコの未来をどのように変えるのかを知っていただきたいと考えている。

ヒトとネコの寿命を大きく変える可能性を秘めた、この革命的な分子の発見と、その実用化に向かうまでの長い道のりに、どうか最後までおつき合い願いたい。

もくじ

第10章 新型コロナウイルスとAIM …… 217

序章

「余命1週間」からの復活

驚きの報告

2016年1月のある日、私の研究室の電話が鳴った。かけてきたのは、私の研究に協力してくださっている獣医師の岡田ゆう紀先生だった。

「宮崎先生、キジちゃんが立ち上がりました！」

電話の向こうから聞こえる岡田先生の声は、少々うわずっていた。

「キジちゃん」は名前のとおり、キジトラ柄のネコだが、年齢は15歳。ネコの寿命は平均15歳ぐらいというから、かなりの老齢だが、それだけではなくすでに手の施しようのない腎不全の末期にあった。自分で食事をとることもできず、目を閉じてずっと寝ている状態のまま、動物病院に入院していた。

そのキジちゃんに「ＡＩＭ」を投与し始めたのが、電話の5日前のことだ。

投与したＡＩＭは、私の研究室で精製したものだった。ただし、ＡＩＭを病気の患者に対して使ったのは、あらゆる動物の中でキジちゃんが初めてだった。キジちゃんはすでに「もって1週間程度」と診断されていたこともあり、オーナーさんは「何もしないよりは…」とＡＩＭの投与を了承してくださったのだ。

実を言うと、私自身は末期腎不全を患ったネコにＡＩＭを投与しても、劇的な効果があるとは思っていなかった。なぜなら末期の腎不全では、すでに腎臓の組織がほぼ全滅している。ＡＩＭのはたらきをもってしても、失われた腎臓の機能を取り戻すことは難しいと予想していたからだ。

しかし、目を閉じてぐったりと寝ているキジちゃんに1日2㎎のＡＩＭを首の静脈から注入すると、1回目の注射の後からどんどん状態がよくなり、5回目を打ち終わると、起き上がって歩き回り、自分で食事もとるようになったという。

電話での報告に半信半疑でいたら、岡田先生がそのときのキジちゃんの様子を動画で送ってくれた（口絵1ページ参照）。

余命1週間から立ち上がったキジちゃん（写真提供：岡田ゆう紀氏）

たしかに、首にまだＡＩＭを注射する留置針がついたままのキジちゃんは、目もいきいきとしており、元気に動き回っていた。動画の半ばには、高いテーブルにいまにも飛び乗ろうとしている動作が記録されていた。ＡＩＭの投与前までぐったりと寝ていた様子が、信じられないほどの姿だった。

それまで20年にわたってＡＩＭの研究を続けてきた私も、キジちゃんが動き回る動画を目にした段階では、いったい何が起きたのかを正確につかめていなかった。

だが、一つ間違いのない事実があった。

「〈治せない病気〉を治そう」という志を胸に研究してきたＡＩＭが、「余命1週間」と宣告されたネコを立ち上がらせたのだ。

〈治せない病気〉への挑戦

「はじめに」でも記したように、私はヒトの病気を治療するのが仕事の医者である。もともとは患者さんを治療する臨床の現場にいたが、病気の原因や治療の方法を探る基礎研究の道に進んだ。

研究者に転身したのは、臨床の現場に出ているうちに、治すことのできない病気があまりに多く、患者さんの苦しみを取り除くことができない現状に直面し、それをなんとかしたいと考えたからだった。

患者さんのほとんどは、私たち医者を「自分の病気を治す人」だと認識し、全幅の信頼を寄せてくれる。

しかし、現実には現代医療で〈治せない病気〉はたくさんあり、医者は悪化するスピードをできるだけ遅くする対症療法を施しているだけ、ということも少なくない。私たち医者はそれを「治療」と称しているが、その病気が悪化していないということはあっても、決して改善に向かっているわけではないのである。

臨床の現場で私が知ったのは、〈治せない病気〉の多くは、なぜ人間がその病気になるのか、発症や進行のメカニズムすらわからないものが多いということだった。

なぜ病気になるのかがわからなければ、治療法を思いつくはずがない。これでは、私たち医者に頼ってくれる患者さんたちの信頼に応えていることにならないのではないか……。

だとしたら、「なぜヒトがその病気を発症するのかという根本の部分に挑戦したい」と考えたのが、基礎研究者に転じた理由だ。

そして、研究分野としては〈治せない病気〉が最も多いと感じた免疫学を選んだ。

免疫は人間が自分の体を外敵から守るための機能だが、それが暴走して逆に自分の体を傷つけるようになると、手がつけられない存在になる。「自分を守る」仕組みをきちんと解明すれば、〈治せない病気〉についても手がかりが得られるのではないかと思ったのだ。

しかし、基礎研究の世界に身を投じて10年、20年とたち、何がしかの研究成果を出したことはあっても、「〈治せない病気〉を治す」という当初の目標に近づいたとは思えなかった。

研究者として成長するだけでなく、自分の目標に到達するには、なんらかのブレークスルーが必要なことは明らかだった。

ネコとの出会いがブレークスルーに

末期腎不全のキジちゃんを立ち上がらせた分子ＡＩＭは、私が基礎研究に携わるようになってしばらくして発見したタンパク質で、ヒトの血液中に高い濃度で存在している。

もっとも、私はそのときＡＩＭを見つけるための研究をしていたわけではなく、実験の過程で偶然見つけたにすぎない。しかも、人間の体の中でどんなはたらきをしているのか、いくら調べてもわからないやっかいなタンパク質だった。

医学研究をしていれば、人間の体内にあるさまざまな物質と出会い、その中には体内でどんな役割を果たしているのかわからないものはいくらもある。そのすべてを調べている時間はなく、研究者は通常、自分の業績につながりそうにない研究はしない。

しかし、なぜか私はこのＡＩＭが気になって気になって仕方がなかった。

その後、ＡＩＭはヒトだけでなく、多くの動物の体内に共通して存在していることがわかった。

そして、その中でネコのＡＩＭだけが、特殊なものであることも明らかになった。

ただ、私はヒトの病気を研究していたので、そのときはネコのＡＩＭについて深く調べようとは思わなかった。

そんなとき、これも偶然から二人の獣医師と出会った。


私はそのころ、それまで治療不可能とされてきたヒトの病気に、ＡＩＭが深くかかわっていることを確信していた。後述するように、〈治せない病気〉で最も多くの人を苦しめているのは腎臓病だった。

二人の獣医師との出会いで、ほとんどのネコは老齢になると慢性の腎臓病になることを知った。

ヒトと同じように、ネコの腎臓病も治せない。慢性腎臓病は、長い時間をかけて徐々に悪化していく。したがって、ネコのオーナーさんの多くは、愛猫が長く苦しむのを目にしなければならない。この点も、腎臓病を患った親族をかかえる人間と同じだった。

ヒトのＡＩＭの研究成果をネコに応用すれば、ネコの腎臓病に治療の道を開く可能性があるのではないか……。そう考えて、獣医師と協力して研究を進めることにした。もちろん、ネコのＡＩＭの研究もひと筋縄ではいかなかった。前述のように、動物が体内に持つＡＩＭの中で、ネコのものだけが特殊だったからだ。

ところが、その特殊性がゆえに、ＡＩＭの体内でのはたらきを解明することができた。しかも、ヒトに比べ、ネコの成長・老化のスピードは何倍も速い。ヒトの医学研究では、有効な臨床データを集めるのに5年、10年とかかるのが普通だが、ネコであれば同様のデータを数カ月で取ることができる。

そして、ネコの研究で得られた結果をフィードバックすることで、ヒトのＡＩＭに関する研究も大きく加速した。

ネコとの出会いが、私が何年も苦労してきた研究にブレークスルーをもたらしてくれたのである。

獣医師との研究を始めたことに、「ネコを救いたい」という動機があったのは間違いないが、ヒトの医療を研究する者としては、実は〝寄り道〟という感覚があった。いまにして思うと、それはいささか傲慢であったと思う。現時点でＡＩＭの研究によってネコが受けるであろう恩恵よりも、私が受けた恩恵のほうが大きいと言わざるをえないからだ。

今後、ＡＩＭがヒトの医療を進歩させ、〈治せない病気〉が治るようになれば、それもネコがもたらしてくれたブレークスルーの賜物なのだ。

第1章

臨床から基礎医学の世界へ

AIMがヒトとネコの生活をどのように変えるのかを語る前に、私が研究者として AIMという特異な血液中のタンパク質にたどり着いた道筋について説明をさせていただきたい。

教科書の「治療法」を施しても治らない病気

私が臨床医から研究者に転じたのは、「〈治せない病気〉を治したい」と考えたからだが、現代医療で〈治せない病気〉がいかに多いかということを知ったのは、研修医として患者さんの診療に携わるようになったときであった。

私は1986年春に東大医学部を卒業して医師免許を取ると、そのまま東大病院の内科（第三内科）の研修医となった。

現在の研修医は5年間の研修期間があり、その間に内科・外科だけでなく、ほぼすべての診療科を経験し、その中から自分の専門分野を決める。私の時代は医学部卒業の時点で内科系や外科系などの希望を決め、主にその診療科で2年間の研修を行う仕組みだった。

東大の場合、研修1年目はみな東大病院で勤務するが、2年目は自分で受け入れ先を探せば、外部の病院で研修を受けてもいいことになっていた。

私は外部の病院を希望し、2年目は東京都小平市にある公立昭和病院の内科と救命救急科で研修医として勤務した。

大学病院は比較的長期の入院患者が多く、それはそれでじっくり患者さんを診られるのだが、市中の最前線の病院には多様な急性期の患者さんが運び込まれてくるので、より多くの経験を積むことができた。

ただ、仕事は過酷だった。急性期の患者さんが多いだけに、土日も休むわけにはいかなかったからだ。私は1カ月のうち25日から28日は病院で寝泊まりをしていたが、当直室が狭いので、ついには病院敷地内にあった物置小屋を掃除して使えるようにし、そこに泊まり込んでいた。

これは病院から命じられたわけではなく、あくまで自分の考えでしていたことだ。それは私だけでなく、同僚の研修医もみな同じで、自分の受け持つ患者さんにできるだけ長い時間寄り添い、また競って一人でも多くの診療に当たらせてもらうことで、医者としての技術を磨こうとしていた。

その一方、研修医として現場で多くの患者さんを診療すればするほど、特に内科領域では、いかに〈治せない病気〉が多いか、という事実に直面した。学生として大学で医学を学んでいる間は、実際に治すことができない病気がたくさんあるなどとは思ってもみなかった。

また、内科の教科書には、「この病気にはこの治療法を」とはっきり書かれていた。ところが実際に臨床の現場に立ってみると、教科書に書かれている「治療法」を施しても快方に向かうことのない〈治せない病気〉をかかえる患者さんに出会うのは、特にめずらしいことではなかった。

そして、2年間の研修医生活を終え、東大病院の第三内科に入局し、消化器内科で勤務を始めると、急性期の患者さんが運び込まれてくる研修先の病院よりも慢性で深刻化した病状の患者さんが多い分、そのことに日々向き合わざるをえなくなった。

ところで、〈治せない病気〉と聞いて、ほとんどの人がまず癌を思い浮かべるだろう。しかし、癌に対しては、1980年代の当時であっても、抗癌剤や放射線治療、まだ初期段階ではあったが免疫療法のようなものもあり、治療法がないわけではなかったし、もちろん手術で完全に病巣を除去できれば、完治もする。

しかし、現代医療でも、完治させることのできない病気はたくさんある。

1千万人以上が苦しむ腎臓病

それを特に強く感じたのは「腎臓病」だった。

人間が生きていくうえで、体のいろいろな臓器にはたくさんの老廃物ができる。生活していると必ずゴミが出るのと同じことだ。

そのような老廃物は血液中に放出されるが、腎臓はそうした老廃物を含んだ「汚れた血液」をきれいにする役割を負っている。

腎臓に汚れた血液が入ってくると、「糸球体(しきゅうたい)」という台所のシンクの排水口につけるネットのような膜(「糸球体濾過膜(ろかまく)」と言う)で、小さい老廃物だけを濾(こ)して尿として排泄(はいせつ)する。その一方、体に必要なアルブミンなどのタンパク質はそのまま残るようにし、血液をきれいにしたうえで、また全身に戻す。

糸球体からは、ミネラルや糖を再吸収する「尿細管」が伸びており、そこからさらに「集合管」「尿管」を経て膀胱(ぼうこう)に至る。このうちの糸球体と尿細管からなるユニットを「ネフロン」と呼び、それが100万個くらい集まって腎臓を構成している。

100万個もあるので、1個や2個のネフロンが壊れたところで、全体としての腎臓の機能には影響を及ぼさない。しかし、多くのネフロンが一気に壊れたり、あるいは1個また1個と少しずつネフロンが壊れていき、ついには大半のネフロンが機能しなくなったりすれば、血液中の老廃物はうまく濾されなくなり、体の調子が悪くなる。

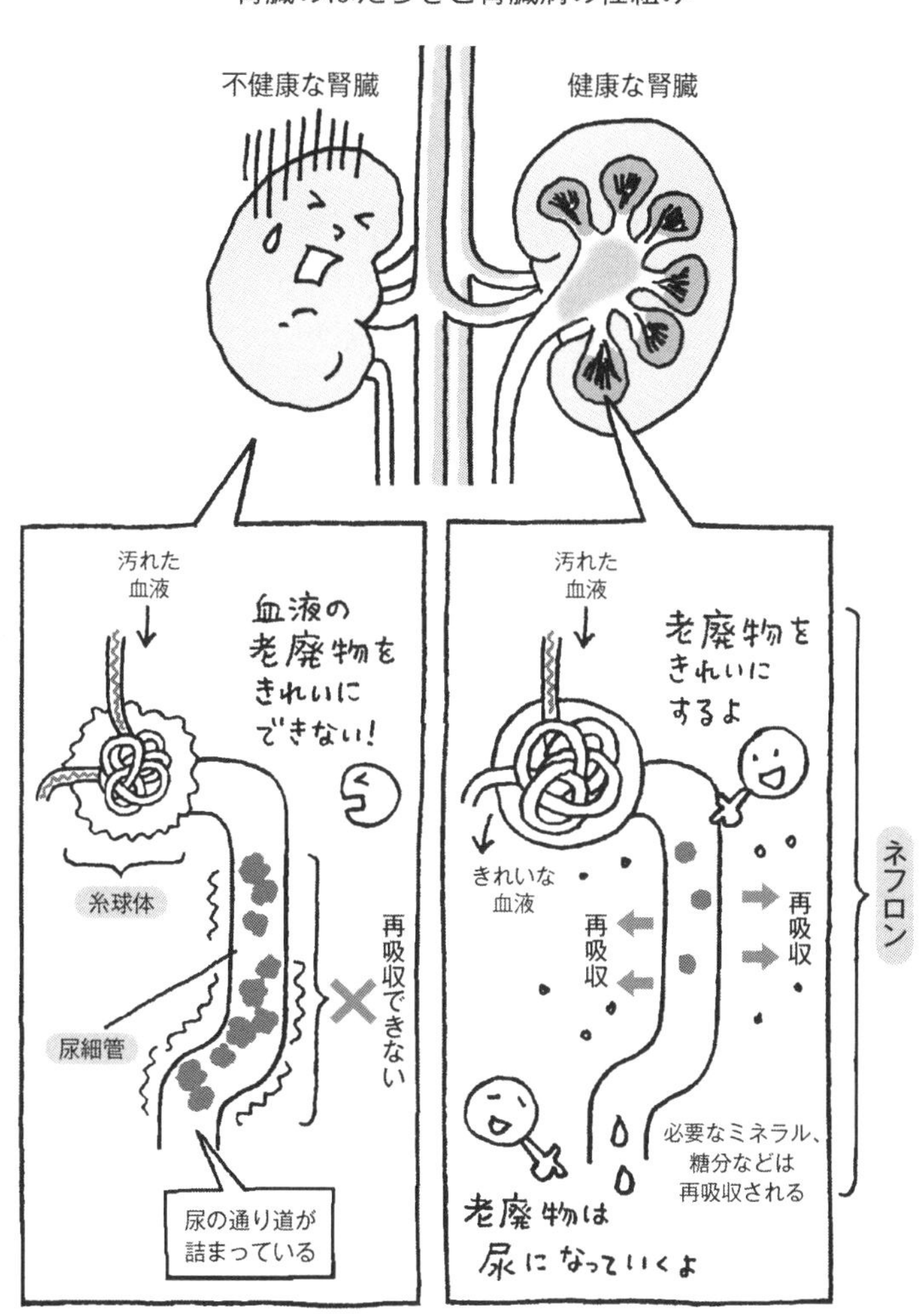
腎臓のはたらきと腎臓病の仕組み
不健康な腎臓
健康な腎臓
汚れた血液
血液の老廃物をきれいにできない！
糸球体
尿細管
再吸収できない
尿の通り道が詰まっている
汚れた血液
老廃物をきれいにするよ
きれいな血液
再吸収
再吸収
ネフロン
必要なミネラル、糖分などは再吸収される
老廃物は尿になっていくよ

多くのネフロンが一気に壊れるのが「急性腎障害（Acute Kidney Injury; AKI）」、少しずつ壊れて大半のネフロンが機能しなくなるのは「慢性腎臓病（Chronic Kidney Disease; CKD）」と呼ばれる。

急性腎障害（ＡＫＩ）は、交通事故や薬剤中毒、腎炎など、いろいろなことをきっかけに発症し、急激に腎機能が低下する病態だ。体のさまざまな機能が狂い、深刻な症状を呈するようになるので、救急医療の現場でＡＫＩの患者さんに遭遇する場面は決して少なくない。

しかし、悪くなった腎臓を治す方法はなく、点滴をして経過観察し、自然に改善するのを待つしかなかった。自然に改善するのを待つ過程で、ある人は自然によくなるが、ある人は改善することなく亡くなってしまう。何がその生死の運命を分けるのかは、解明されていなかった。

一方、慢性腎臓病（ＣＫＤ）は、高血圧や糖尿病、あるいは腎臓の炎症などの基礎疾患とともに、10年から数十年をかけてじわじわと腎臓が悪くなっていき、徐々に血液中の老廃物を濾過できなくなる。最後には、大量の老廃物が有害な尿毒素として体中に蓄積し、致死的な末期腎不全に至ってしまう。しかし、そこでもまた、腎臓自体に対する直接的な治療法は皆無であった。

だから、いったん腎機能が低下を始めると、基礎疾患である高血圧や糖尿病のコントロールを行いながら、なるべく腎臓に負担をかけないようにして腎臓が悪化するスピードを抑え、経過観察をするほかに手がない。

それでも遅かれ早かれ病気は進行してしまう。そして腎機能が生命を維持できないほど低下すると、人工透析で血液中の尿毒素を取り除くしかなくなる。

残念ながら、人工透析はあくまではたらかなくなった腎臓の代わりを機械で行っているだけであって、悪くなった腎臓を治す積極的な治療ではない。

ちなみに、現在、ＣＫＤを患う人は国内で１３３０万人、成人人口の13％を占め、人工透析を受けている人は33万４５０５人もいる（日本腎臓学会「ＣＫＤ診療ガイド２０１２」、日本透析医学会「わが国の慢性透析療法の現状」（２０１７年末）より）。

腎臓病と同様、「自己免疫疾患」にも確実な治療法はなかった。

自己免疫疾患とは、本来は細菌やウイルスといった外敵と戦うために備えている私たちの免疫システム（免疫系）が、何を間違ったのか自分の臓器や組織を攻撃してしまい、場合によっては死に至る恐ろしい病気である。

その攻撃する臓器の違いや、現れる症状によって細かい分類がされており、それぞれに病名がついている。そのような患者さんが初診で病院に来ると、時間をかけてたくさんの検査をし、診断名はつけるものの、結局根本的な治療法はなく、免疫抑制剤とステロイドで、不必要に暴れている自分の免疫系を一切合切抑えてしまうことぐらいしかできない。

患者さんの体の中では、あくまで特定の免疫細胞が自分の組織を攻撃して暴れているにすぎないので、それを抑えればいいのだが、暴れている免疫細胞だけをねらって治療する方法は見つかっていない。

だが、すべての免疫系を抑制すれば、本来は免疫が戦うべき細菌やウイルスから体を守ることができず、いろいろな感染症にかかりやすくなって、下手をすると逆に命

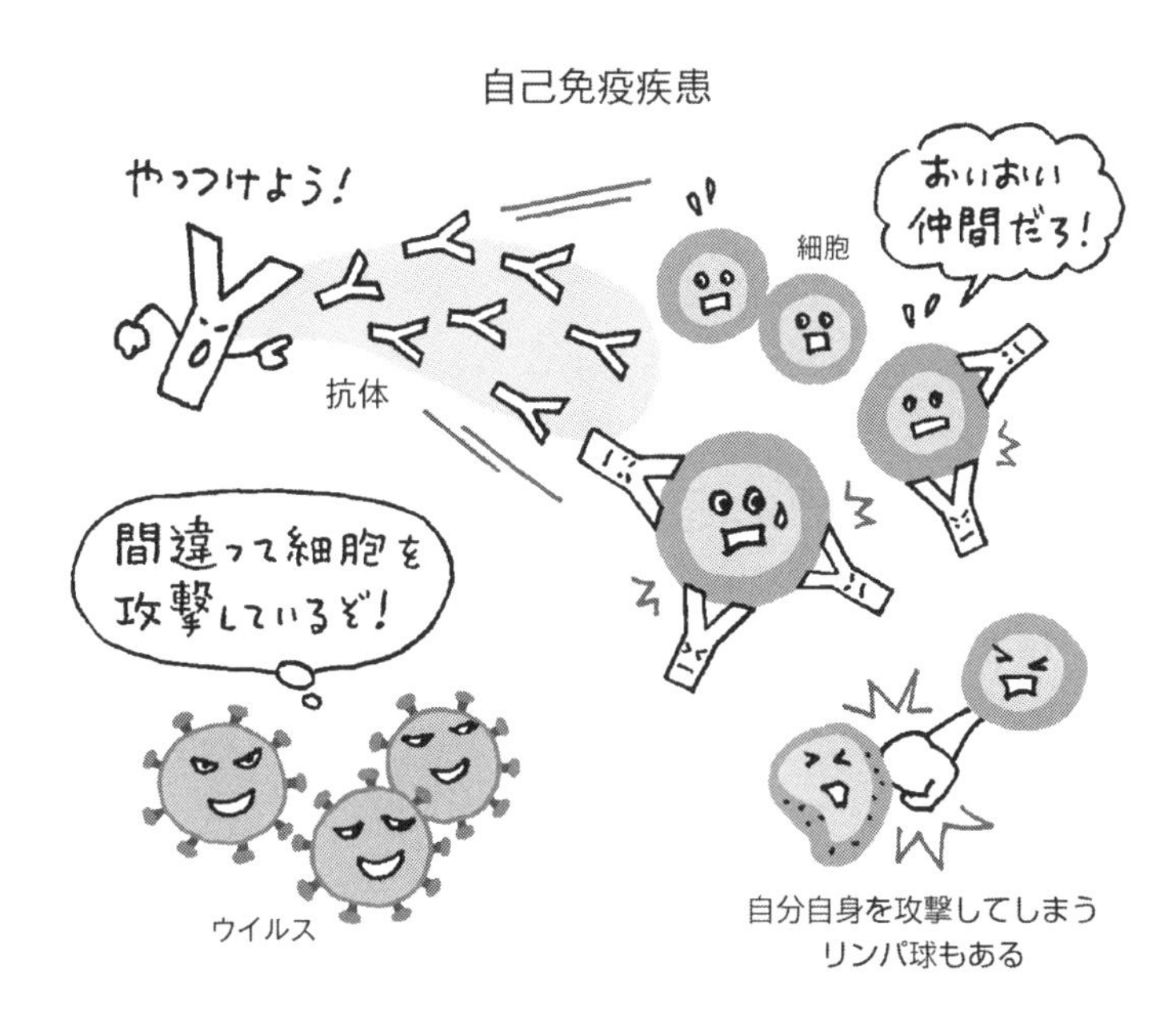

にかかわる。

つまり、すべての免疫系を抑えるのは深刻な副作用をともなう対症療法であって、自己免疫疾患に対する根本的な治療法ではないのである。

それどころか、そもそも腎臓病にしても自己免疫疾患にしても、なぜそんな病気が起こるのか、起こってしまうと治ることなく、なぜ進行し続けるのか、その原因やメカニズムが明らかになっていない。だからこそ対症療法以外、治療法がないのだともいえる。

実は医者をめざしてはいなかった

医者として臨床に携わったことで、こうした葛藤に直面することになったわけだが、実を言うと私は大学受験の直前まで、「医者になりたい」とは思っていなかった。

私は、1962年3月に長崎県島原市に生まれた。

島原市は、県都・長崎市から車で1時間以上かかる風光明媚(ふうこうめいび)な田舎だ。私は豊かな自然に恵まれたこの地で、学校の授業のとき以外は釣りや昆虫採集、友だちと自転車を乗り回して遊ぶことに明け暮れる牧歌的な

島原市の風景

子ども時代をすごした。

15歳になると、鹿児島県の高校に進学した。

この高校は全国から生徒が集まる進学校で、入学当初は初めて親もとを離れた寮生活でホームシックになったり、学校の授業のレベルが高すぎてついていけなかったりと苦労もあった。それでも、同じような境遇の同級生と打ち解け合うようになると、毎日が楽しく、勉強にも打ち込めるようになった。

しかし、3年間の高校生活の間、私は大学に進学した後の将来像を描いていなかった。というのも、私の実家は明治の初めから続く薬の卸問屋で、長男だった私は家業を継ぐつもりでいたからだ。したがって、高校卒業後に進む大学も文系なら経済学部、理系なら薬学部をめざそうと考えていた。

そのうち自分が理系に向いていると思うようになり、大学も薬学部という選択肢に落ち着いた。3年生になるとなんとか成績もよくなってきたので、東大薬学部をめざして理Ⅱ（理科二類）の受験を志望しようと思っていた。

ところが、3年生の秋になって、父がいきなり「理Ⅲ（理科三類）を受けて医学部に行け」と言い出した。父はそれまで私の進路に口を出すことがなかったので驚いたが、理由を問うても答えてくれない。

母の推測によると、当時の田舎では、薬の卸問屋の社長であった父が、つねに医者に頭を下げる立場であったからではないかということだった。先生たちに何かと上から接してこられるのが悔しくてたまらなかったから、ということがあったのはたしかなようだが、母の推測が正しいかどうかはわからない。

何度かやりとりしたが父は譲らず、私が根負けする形で出願先を変更した。そうと決めたらとにかく父の思いにも応えようと勉強もいっそうがんばり、なんとか理Ⅲに合格することができた。

1980年、大学に入学するため東京に出た。

受験直前まで「医者になりたい」とは微塵（みじん）も思っていなかったこともあって、医学部の授業はおもしろくなかった。当時はいまと違って出席を厳しく取ったり、やたらと試験をしたりするなどということがなかったから、授業をすっぽかしても実習にさえ出ていれば問題なく単位は修得できた。

大学の授業に関心が持てない中で、私がのめり込んでいたのが音楽だった。医学部をやめて音大に入り直そうかと本気で悩んでいたくらいだ。

オーケストラの指揮者になりたくて、小澤征爾さんに直接電話をして弟子入りをお願いしたこともある。当時は個人情報がだだ漏れで、一介の学生が「世界のオザワ」に直談判することができたのだ。

結局お弟子さんのお弟子さんを紹介され、1年間ほど小澤さんの出身校である桐朋学園の創立者の一人、斎藤秀雄先生が考案した斎藤式の指揮法を学んだ。それだけでなく、新聞や雑誌の読者欄で楽器を弾ける人を募集し、私設オーケストラを作ってそれを指揮していた。

医学への興味は一人の研究者から

そんな私が、やっと医学に興味を持ち始めたのは、一人の研究者の影響だった。東大医学部には「フリークオーター」という制度があって、3年生の夏休みの1カ月間、自分の好きな研究室で初歩的な研究をさせてくれる。学生に医学の基礎研究に興味を持たせるためのシステムである。

医学には大きく分けて、「臨床医学」と「基礎医学」の二つがある。臨床医学は、病院で患者さんの診療を行うもので、医学部に行くと、多くはそちらに従事する。一方、基礎医学は、生命現象の謎や病気の原因を研究するのが仕事である。

フリークオーターでの研究は、東大を含め、どこの大学の研究室でもかまわない。私は、その年の夏前にめずらしく出席した解剖学の授業で、新潟大学の藤田恒夫先生が特別講義をされたのを聞き、先生の教えを受けたいと思った。そこで、先生に葉書でフリークオーターにお邪魔していいか打診し、快諾していただいた。

そして、その新潟での１カ月間が、私を大きく基礎医学に引き寄せた。

そもそも私を引きつけたのは、研究の内容ではなかった。学校をサボってばかりいた私に、先生の研究内容が理解できるはずもなかった。

藤田先生のまるで芸術家のような思想や雰囲気、そして何より自然に対する畏敬の念のようなものに、「ああ、これが研究者というものなのか」と非常に強い感銘を受けたのだ。

音楽の都ウィーンの方言に「Musizieren（音

2008年の藤田恒夫先生（左）と筆者（右）

楽する）」という言葉があるが、私は友人に藤田先生のことを話すとき、先生の研究姿勢をひそかに「Naturieren（自然する）」という造語で表現していた。

藤田先生が正常な細胞を電子顕微鏡で観察しながら私にのぞかせてくださり、「どうだ、美しいだろう？」とおっしゃり、次に癌（がん）細胞を見せて「ばっちいだろう？ 正常な生命というものは本当に美しいんだよ。きれいな音楽みたいだ。でも病気の細胞というのは不協和音の塊でちっともきれいじゃない」としみじみ言われたのを覚えている。おそらくその言葉が、いまでも私の研究の根幹になっている。

フリークオーターを終えて新潟から戻ると、今度は臨床実習が始まった。教科書の内容を覚える授業とは違い、病院で実際に患者さんの診療に参加できる実習は非常におもしろく感じた。いったんは研究に傾いた気持ちが、臨床に引き寄せられていった。

そして医学部を卒業して臨床の現場に立つようになると、今度は〈治せない病気〉の多さに圧倒されることになった。

第2章

研究の修業時代

根本的な治療法を求めて…

医療において、〈治せる病気〉をよりよく治せるようにすることは非常に大切なことだ。すでにある薬の改良や、新しい手術法の工夫などはこれに当たる。

しかし同時に、〈治せない病気〉を一つでも治せるようにすることは、より重要であり、社会から希求されている。

実際の医療現場で、〈治せない病気〉はたくさんあり、しかも治せないのは、病気の発生や進行の仕組み自体がわかっていないことが大きな原因の一つであると気づいた私は、そうした病気に対する根本的な治療法をいつか開発したい、という強い思いを持った。

そして、いったん臨床から離れ、免疫学の基礎研究をしっかり行うことに決めた。

免疫学を選んだ理由は、〈治せない病気〉の代表のような2種類の病気のうち、自己免疫疾患は言わずもがなであるが、慢性腎臓病も、細菌やウイルスもいないのに、じわじわと炎症が続いて腎臓が壊れていくことを考えれば、やはりなんらかの免疫がかかわっているように思えたからだ。

当時の基礎医学は、主に培養細胞を用いた実験をとおして、病気の研究を行っていた。これを「Ｖｉｔｒｏ（ビトロ＝試験管）の研究」と呼ぶ。

しかし、私は医者として、「病気は体をまるごと観なければ理解できない」という考え方で患者さんと向き合っていたから、「生体全体を対象とする手法（これを「Ｖｉｖｏ（ビボ＝生体）研究」と呼ぶ）はないのか」と考えていた。

そんなとき病気の成り立ちに関係がありそうな特定の遺伝子をマウスで改変し、そのマウスの体全体を観察することで、その遺伝子と病気の関係を解析する手法があることを知り、「これだ！」と思った。

遺伝子改変技術はいまでこそ一般的な研究手法として確立しているものの、１９８０年代の日本では始まったばかりで、全国でも少数の施設でしか行われていなかった。

そのうちの一つで、当時最もアクティブだったのが、熊本大学の山村研一教授の研究室だった。

そこで、1989年の春、熊本大学の大学院に進み、山村先生に教えを乞うことにした。

逃げ出したくなった熊本での日々

研究の方向性に迷いはまったくなかった。ただ、いままで臨床だけをやってきた人間がいきなり最先端の基礎研究の研究室に入ったので、研究を行うために必要な実験手技の基本的な「いろは」も知らず、最初のうちは実験も何一つうまくいかなかった（ここにきて、大学時代に授業や実習をサボってばかりいたツケが回ってきたのだ）。

研究室では毎日のように何かとんでもない失敗をやらかし、「こんなことをした人がいます。気をつけましょう」とホワイトボードに書かれる始末だった。

私は自己免疫性糖尿病（1型糖尿病）を研究テーマにしていたが、そのためには毎日200匹からのマウスの尿検査をしなければならなかった。

連日深夜までマウス室でマウスの尿道にテストテープを当て、尿糖をチェックする作業に追われ、本当に泣きそうになった。しかも、テストテープは人間用の大きなものので、「もったいないから」と7つに切って使うよう命じられていた。マウスの尿道に貼りつける前にテープを小さく切ってテーブルに並べておくと、空調の風で舞い飛んでしまい、それを追いかけ回す羽目になったこともある。

つらい毎日ではあったが、〈治せない病気〉を治すためには、「ここで勉強して技術を習得する必要が絶対にある」という確信があった。

しかし、なかなか遺伝子改変の実験はやらせてもらえなかった。といっても、意地悪をされていたわけではなく、それを習うにはまだ私の実験技術のバックグラウンドが乏しすぎたからだった。

熊本に来るまでは臨床医として毎日たくさんの患者さんを診療し、「先生、先生」と呼ばれて頼られてもいたが、研究者として文字どおりのど素人である以上、雑巾がけからスタートしなければならない。同じ医者でも、臨床と基礎研究では、それほどの違いがあった。

だから、「せめて遺伝子改変技術を教えてもらえるまでは、がんばってみよう」と我慢していた。

いまにして思えば、毎日の尿糖チェックは、繰り返しでしか身につかない研究者としての基礎だったのだ。遺伝子改変のような高度な実験テクニックは、基礎になる実験技術がしっかり身についていなければ、とても習得できるものではないことは、後々実感することになった。

熊本大でのつらい毎日に耐えることができたもう一つの理由は、山村先生のお人柄にある。

熊本に行って1カ月くらいたったころ、尿糖チェックだけの毎日に心が折れそうになっていた。そのころ、研究室旅行で、鹿児島の霧島にあった山村先生の別荘にみんなで行った。たまたま、私と山村先生が早く着き、別荘で二人きりになったので、私はそこで、「もう大学院をやめて帰ります」と言おうと思った。

それを切り出すタイミングを計りながら研究の話をしていたが、山村先生はいろいろなアイデアを次々と楽しそうに話され、私の研究上の考えにもとても興味を持って耳を傾けてくださった。

そんな話がずっと続き、とても「やめます」とは言い出せずにいるうちに、「この先生のもとで、もう少しがんばろう」と考え直した。

何年も後に、山村先生にこのときのことを話したところ、そのときは私の心のうちはお見通しで、「だからわざと楽しそうに研究の

2011年の山村研一先生（左）と筆者（右）

話を続けたんだ」とおっしゃっていた。山村先生はそんな方なのだ。

恩師がくれたテーマで、初めて書いた論文が『ネイチャー』に

前述のように、山村先生が最初に与えてくださったテーマは、自己免疫性糖尿病に関するものだった。

自己免疫性糖尿病とは、ヒトの免疫系がなんらかの理由で膵臓（すいぞう）にあるβ細胞を攻撃し、β細胞の役割であるインスリンの産出を妨げる病気だ。インスリンは血液中のブドウ糖を細胞内に取り込むのを助けるはたらきをしているので、β細胞が破壊されるとつねに血糖値が高い状態、つまりは糖尿病になってしまう。

このテーマは山村研究室でも重要な課題の一つで、以前から研究は行われていた。熊本大医学部から山村研究室に派遣されていた先輩医師が私の前任者で、その先生がちょうど医局に戻るタイミングで私が研究室に入ってきたため、研究を引き継ぐこと

になった。

私は免疫学の基礎研究を志していたから、自己免疫疾患にかかわるテーマを担当できたのは幸運だった。

マウスの尿糖検査をひたすら続けるつらさに耐えながら、ほかの実験も少しずつ行うようになると、研究に必要な基礎的なスキルもどうにか身につき、遺伝子改変技術も教えてもらえるようになった。その技術を活用することで、いくつかの新しいデータも取れた。

山村先生は、このプロジェクトの全体をまとめられる成果が集まったと判断され、私に論文を作成するように命じられた。臨床の現場にいた時代には研究をする時間はなかったから、これは私が初めて書く論文になった。

何人もの研究者が同一のテーマを引き継いで続けるというのは、研究の世界ではよくあることだった。そして研究の成果を論文にまとめる場合、最後の担当者が執筆し、論文の内容について責任を負う「筆頭著者」になる。

普通の大学院では、私のような1年生が論文の筆頭著者になることはまずありえない。ほとんどの大学院1年生は指導教授のもとで研究の〝お手伝い〟をする立場だから、論文の筆頭著者は教授であり、大学院生は執筆者一覧の末席に名前を載せてもらえれば身に余る光栄なのである。

ところが、山村先生は大学院の1年目から私に独自のテーマを持たせてくださった。ただし、これは私にだけ与えられた特典ではなく、ほかの大学院生も同じで、各個人に独立したテーマを与えるのが山村先生の主義だった（私はのちに自分の研究室を持つようになってからずっと、この山村先生のやり方を踏襲している）。

その当時、マウスを使った遺伝子改変技術は先進的で、それを自己免疫性糖尿病の研究に応用するという山村先生が考えたテーマはすばらしいものだった。実験の結果も非常におもしろいものであったうえに、山村研究室が波に乗っている時期だったこともあり、私が論文をまとめると、それをイギリスの有名科学誌『ネイチャー（Nature）』に投稿しようということになった。

もちろん、投稿したところで掲載されるという保証はない。『ネイチャー』は、世界で最も権威ある科学誌の一つだから、研究者にとってそこに論文が掲載されるというのは、野球で言えばメジャーリーグ公式戦で勝ち投手になるようなものだ。

日本の学生リーグのルーキーにすぎない私が、そもそもメジャーの試合で投げさせてもらうことすらありえないのに、そのうえ勝ち星まで挙げることなど万分の１の確率もないだろうと思っていたのだが、驚いたことに１９９０年3月、その論文が『ネイチャー』の誌面を飾った。私が山村研究室の門をたたいてから、ちょうど1年後のことだった。

実は、山村研究室で私が任されていたのとまったく同じテーマの論文を、イギリスとオーストラリアそれぞれの有名な免疫学者の研究チームが、ほぼ同時に『ネイチャー』に投稿していた。つまり、このテーマは免疫学の世界でホットな話題だったのだ。そのため、私の書いた論文も速やかにネイチャー編集部に受理され、イギリス、オーストラリアの研究チームの論文と三つ並べる形で掲載された。

『ネイチャー』に掲載された論文は、治療法はインスリンを打つしかなく、病気の機序（発生や進行のメカニズム）もほとんどわかっていなかった自己免疫性糖尿病の原因の一つを明らかにする内容だった。そのため、非常にインパクトが大きく、その後の自己免疫性糖尿病研究の一つの指標となったといえる。

私たちの論文が掲載された『ネイチャー』には、その論文について有名な学者によるとても長い論評が同時に掲載された。また、同時に掲載されたイギリスの研究チームの論文とともに、世界最古の日刊新聞であるイギリスの『タイムズ（The Times）』に大きく取り上げられた。

大学院1年生が初めて書いた論文がネイチャーに掲載されることなど、世界中を探しても類例のないことだろう。

そのような異例の事態となったのは、もちろん私が飛び抜けて優秀だったからということでは決してなく、いくつもの幸運が重なったからである。

私がこのテーマの研究を任されて数カ月の短い期間に、たまたま実験で有意な結果が出て、それによってプロジェクトのまとめに十分なエビデンスが集まったというのは、ビギナーズラックだったのかもしれない。

nature
INTERNATIONAL WEEKLY JOURNAL OF SCIENCE

Direct evidence for the contribution of the unique I-A^{NOD} to the development of insulitis in non-obese diabetic mice

Toru Miyazaki, Masashi Uno, Masahiro Uehira, Hitoshi Kikutani, Tadamitsu Kishimoto, Masao Kimoto, Hirofumi Nishimoto, Jun-ichi Miyazaki & Ken-ichi Yamamura

Reprinted from Nature, Vol. 345, No. 6277, pp. 722-724, 21 June 1990

© Macmillan Magazines Ltd., 1990

Nature Japan K.K.

『ネイチャー』に掲載された論文

また、まったく同じタイミングでイギリス、オーストラリアの研究チームが、同じテーマの論文を『ネイチャー』に投稿していたことも有利にはたらいた。複数のチームが同時に同じ結果を出している場合、その内容に対する信頼性が高くなるからだ。

この研究は山村研究室で長年にわたって続けられてきたもので、たまたま私が担当者だった時期に完結し、論文の筆頭著者になったにすぎない。しかし、それが『ネイチャー』のような著名な科学誌に掲載されると、どうしても論文の筆頭著者にスポットライトが当たってしまう。

野球にたとえると、私はゲームの終盤に登板したクローザーの役割を務めたといえるだろう。もちろん、先発、中継ぎの投手がいい仕事をしたからこそ勝てたわけだが、クローザーにセーブではなく勝ち星が与えられる仕組みが、私に大いなる僥倖をもたらした。

ただ、そのことは私にとって大きなプレッシャーにもなっていた。自分が筆頭著者となった論文が『ネイチャー』に掲載されたことはたしかに誇らしかったが、何もできない新参者がいきなり大きな栄誉を得たことに、なんとなく肩身の狭い、むしろ引け目のようなものを感じていたからだ。

それでも、山村先生から温かい励ましの言葉をいただいたこともあって、少し時間がたつと、逆に「この論文に恥ずかしくないような研究者にならなくてはならない」という強い責任感のようなものが生まれ、ポジティブな気持ちで研究に打ち込めるようになった。

その後、私は自己免疫性糖尿病の研究をさらに1年間熊本大で続けた。そして、その成果を論文にまとめて『米国科学アカデミー紀要（ＰＮＡＳ）』に発表した後、より本格的な基礎研究を行うべく海外留学を強く考えるようになった。

まだ熊本大大学院での課程は途中だったが、それを山村先生にお話ししたところ、留学を快く認めてくださり、自ら留学先の候補も挙げてくださった。しかも、大学院の籍は置いたままにしていただけたので、海外にいるにもかかわらず、その2年後に熊本大から博士号もいただくことができた。

山村先生は、「ネイチャーもＰＮＡＳも（論文を掲載した実績を）持っているなら、もう熊本は十分だよ」と笑っておられた。

そのようなわけで、熊本は2年で引き揚げ、その後1年弱、東大の医局に戻って臨床の勤務をしてから、フランスのストラスブールにあるルイ・パスツール大学の分子細胞生物遺伝学研究所のダイアン・マティス（Diane Mathis）先生のもとに留学した。

フランスでのポスドク時代と「グランドスラム」

ストラスブールのルイ・パスツール大学の分子細胞生物遺伝学研究所に留学したのは1992年7月、ちょうど30歳のときだった。

山村先生が留学先として薦めてくださったマティス先生は、基礎的な免疫学の研究を行っていただけでなく、遺伝子改変マウスを利用する実験手法も山村先生と似通っていた。

そこで、ストラスブールのマティス先生に「留学生として受け入れてほしい」というお願いの手紙を書いた。

マティス先生からはすぐに返事が来て、「Yes, I know you. Come! Diane」とだけ書いてあった。「I know you」という言葉で、マティス先生も『ネイチャー』に掲載された私の論文を読んでくださっていることがわかった。

2007年に再会したダイアン・マティス先生（右）と筆者（真ん中）

ストラスブールに留学して最初に驚いたのは、マティス先生が女性だということだった。

インターネットが普及している現在は、世界中の研究者の情報が簡単に手に入るが、このころは論文だけが頼りだった。日本の基礎研究の世界では女性が少ない時代だったこともあり、「ダイアン」という女性の名前であるにもかかわらず、精力的に論文を執筆し、それが有名ジャーナルに次々と掲載されていたので、私はマティス先生をてっきり男性だと思い込んでいたのだ。

着任の日、ストラスブールの空港に着くと、大学から迎えの車が来ていた。運転手役の男性のほか、小柄な女性も同乗していたのだが、ラフな格好で見た目も若かったので、私は二人とも研究室の実験助手か大学院生だろうと思った。空港から大学へ向かう途中、後席に座っていた女性に「君もマウスを使った実験をしているの？」と話しかけてみると、「yes…」と返事が返ってきた。

ところが、大学に着いて車から降りると、運転手役の男性から「この人がボスだよ」と、さっきまで後席にいた女性を紹介され、どっと冷や汗が出た。

しかし、マティス先生は初対面での失礼にもかかわらず、私のことを可愛がってくださった。

ストラスブールの研究所では、いわゆる「ポスドク」——博士号の取得後に任期つきで研究を任される立場だったが、ポスドク研究員は自由に研究テーマが選べるわけではない。

マティス先生に任されたテーマは、免疫で重要なはたらきをするTリンパ球が、成熟する過程でどのようにして選別されていくのかという、当時の免疫学では一番重要で根本的な問題に対する研究だった。ストラスブールでは、基礎的な免疫学を研究し

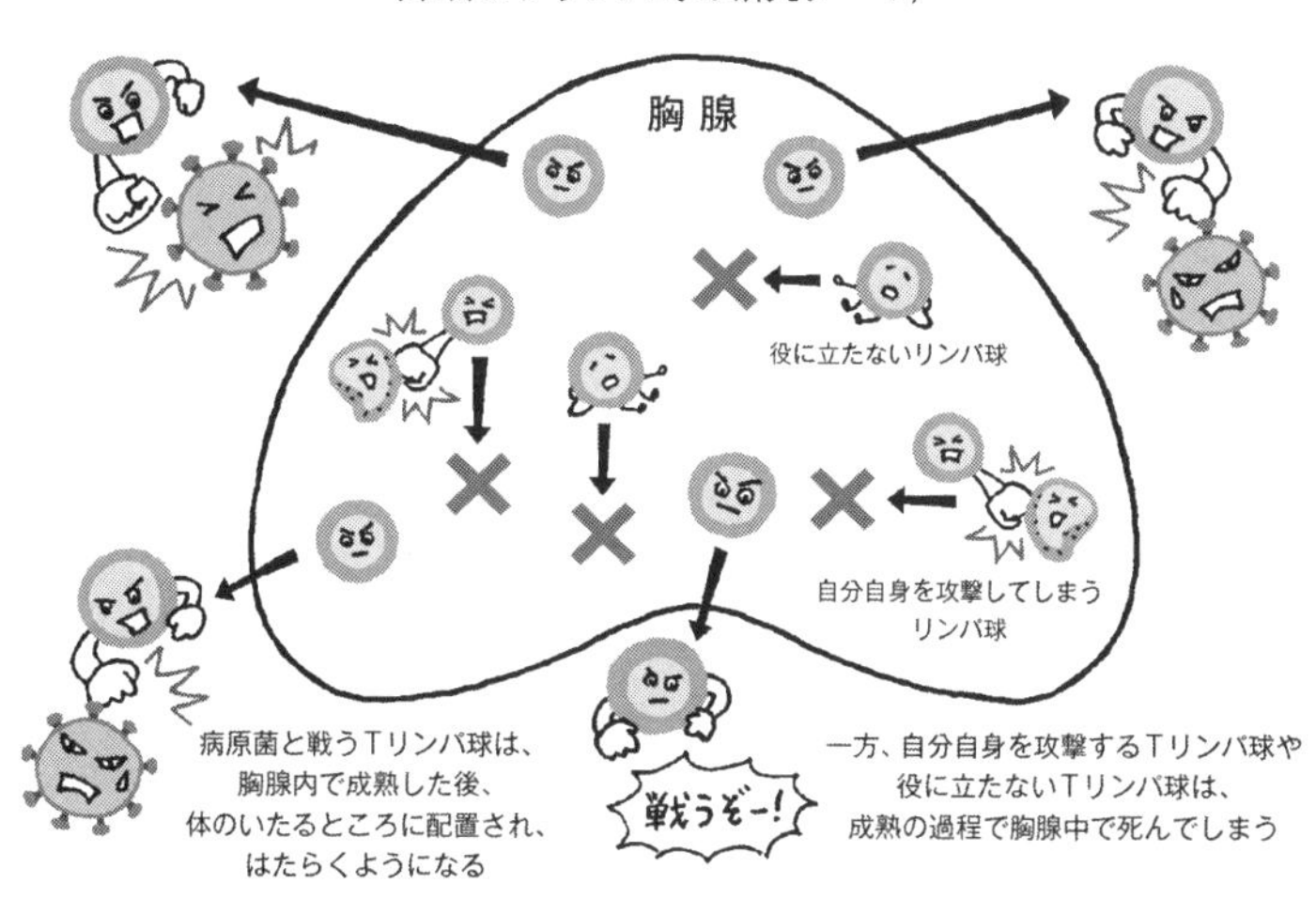

たいと考えていたので、私の希望にも合ったテーマだった。

白血球の一部であるTリンパ球は一個一個違う顔を持っており、ウイルスや細菌など体の外からやって来る病原体と戦うTリンパ球も生まれてくれば、自分自身を攻撃してしまうような危険なTリンパ球も生まれてくる。また、そのどちらでもない、役に立たないTリンパ球もたくさんできてくる。

そうした中から、病原体と戦ってくれる役に立つリンパ球だけがどうやって選別されて体の中で増えるのかは、長らく謎だった。

私は3年間このテーマに取り組み、生体は「HLA-DM」という分子を用いて、ファジーでありながらとても利口に効率よく、役に立つTリンパ球だけを選別することを明らかにした。

重要なテーマだけに研究者の間での競争も激しく大変ではあったが、最終的には1996年春にアメリカの科学誌『セル（Cell）』と『サイエンス（Science）』に筆頭著者として論文を出すことができた。

当時は『セル』『ネイチャー』『サイエンス』『PNAS』が科学界の4大ジャーナルで、これら全部に筆頭著者で論文を発表することが「グランドスラム」と言われていた。私は山村先生、マティス先生と指導者に恵まれたため、都合6年でグランドスラムを達成することができた。

第3章

謎のタンパク質「AIM」との出会い

運命の地、バーゼル免疫学研究所

ストラスブールに渡って3年目の1995年秋、33歳でスイスのバーゼル免疫学研究所（以下「バーゼル研」）に移った。ポスドクではなく、「Principal Investigator（PI）」という正規の研究員としてである。

バーゼル研はとてもユニークな研究施設で、30代から40代の若手免疫学者を40人ほどメンバーとして集め、それぞれに独立した小さな研究室を持たせてくれる。ただ、バーゼル研の正規研究員になるのは狭き門で、研究者としてなんらかの実績がないと声はかけてもらえない。私の場合、マティス先生のもとでTリンパ球の選別の仕組みを解明したことが評価されたのだろう。

バーゼル研の研究室は、自分と実験助手の2名が基本形で、それに1～2名の短期もしくは長期の学生が加わる。研究費は全額研究所が出してくれるし、研究テーマも、

バーゼル免疫学研究所

免疫学に関することであれば何をやってもよかった。

日本では、研究室を主宰して独自のテーマの研究を行うことは教授にならないとできないので、40歳すぎから50歳くらいでやっとそういう立場になる。私の場合、海外に出たことで、独自の研究に取り組めるようになるのが相当早かったといえる。

バーゼル研には、かつて利根川進先生が所属されていて、ここでの研究成果が評価され、1987年にノーベル医学生理学賞を受賞されている。実は、バーゼル研が私に与えた研究室は利根川先生の部屋だったところで、先生が使用された実験道具も残っていて、それも使わせていただいた。

オリジナルの研究を自由にできるとはいっても、いきなり未知の分野に踏み込むのは無謀なので、バーゼル研で初めてPIになった研究者はだいたいポスドクや大学院生時代に取り組んだ分野に関係するものから始める。

私の場合、ストラスブールで「HLA-DM」という分子によってTリンパ球の選別が行われることを解明していたので、バーゼル研では、まずHLA-DMに似た分子を見つけ、それがTリンパ球の活性化などほかの機能に関与していないかを調べようと思った。

そこで、HLA-DMに遺伝子の塩基配列が似た、未知の分子を探し出す実験を行った。

私たちの体は、細胞の中にある「DNA（デオキシリボ核酸）」の情報によって形作られている。DNAの情報にもとづいて子孫に受け継がれる特徴を「遺伝形質」と呼び、遺伝形質を決める因子のことを「遺伝子」と言う。

DNAは「グアニン（G）」「アデニン（A）」「チミン（T）」「シトシン（C）」の4種類の塩基を組み合わせた「ヌクレオチド」という物質が並んでいて、塩基の順序で遺伝形質を記録している。

いまではあらゆる遺伝子の塩基配列情報がデータベース化されているので、何かに似ている分子を見つけようと思えば、パソコンの前に座ってデータベースを眺めればいいだけだが、当時はそんな便利なものはない。実物の遺伝子が大量にプールされている「ライブラリー」からHLA-DMと塩基配列が似ているものを探さなければならなかった。

特定の分子を探す地道な実験作業を、当時の研究者は「（分子を）釣ってくる」と言っていたが、それはこの作業が魚釣りに似ていたからだった。

ライブラリーの中にHLA-DMを差し入れると、HLA-DMの塩基配列と似たヌクレオチドを持つ分子が引き寄せられてくる。これを釣り上げて分離し、その分子が目的の塩基配列かどうかを丁寧に分析しなければならない。

しかし、魚釣りでタイが好む餌を針につけて海中に投げ込んだとしても、ポイン

たくさんある遺伝子の中から、一つの遺伝子を〝釣る〟

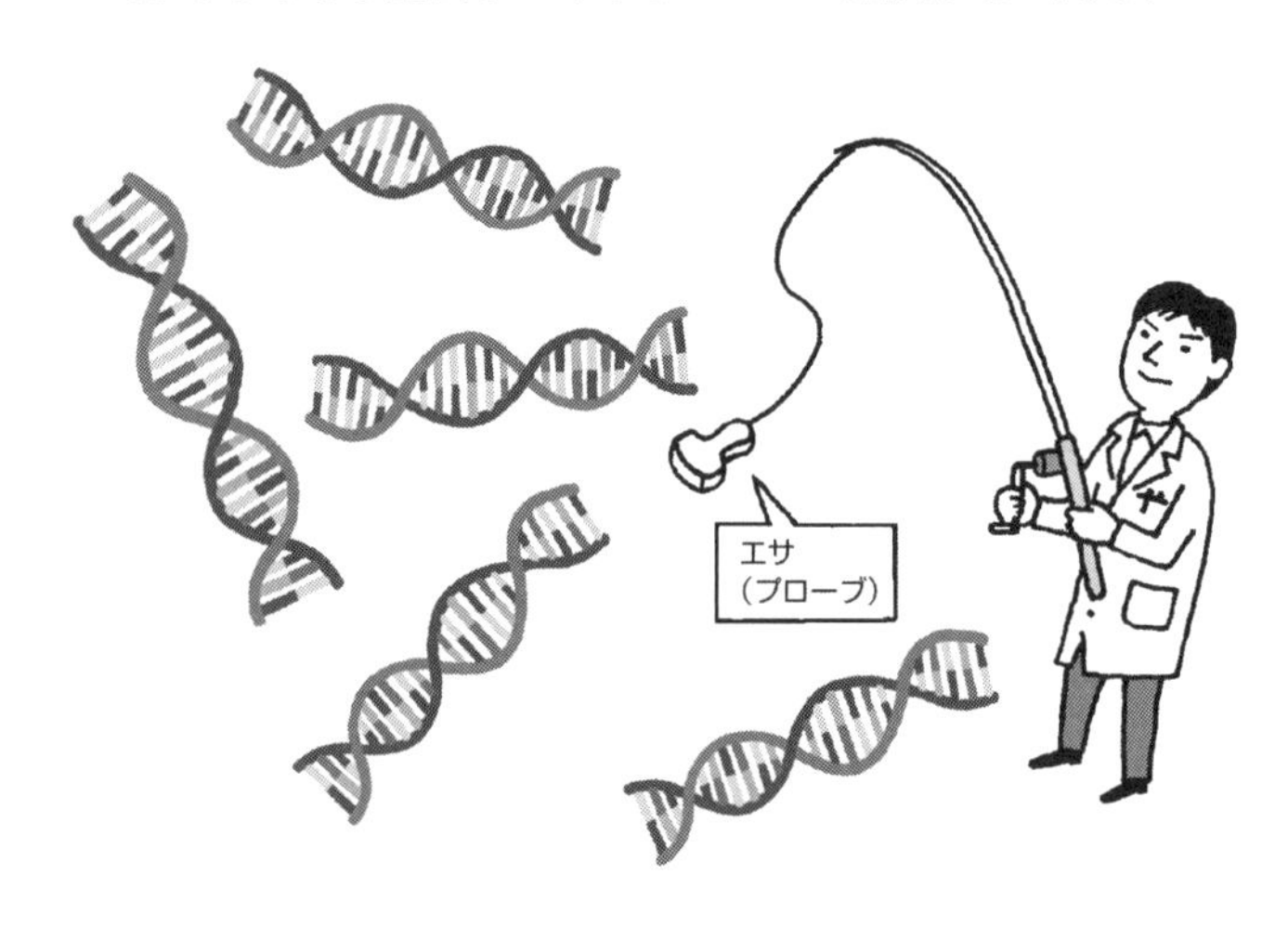

トや水深によっては、何も釣れなかったり、目的のタイとは違う魚（日本の釣り人はこれを「外道」と呼ぶ）が針にかかったりすることはよくある。

特定の塩基配列を餌にして分子を〝釣る〟のもまったく同じで、ライブラリーのどこに目的の分子が存在するのか、あらかじめわかっているわけではない。当然、実験の精度は低く、何も釣れないこともあれば、塩基配列が少しも似ていない〝外道〟の分子が上がってくることもある。

偶然から見つかった未知のタンパク質「AIM」

半年ほど四苦八苦した結果、4つ分子を見つけたが、そのうち三つはHLA–DMに塩基配列は似ている既知の分子で、新しい発見ではなかった。残りの一つだけはそれまで知られていなかった分子ではあったものの、HLA–DMとは似ても似つかぬものだった。

そもそもの目的とは違う分子だったので、最初は捨ててしまおうと思っていた。しかし、少し調べてみると、この分子は「マクロファージ」と呼ばれる細胞だけが産出するタンパク質で、しかも血液の中にかなりたくさん存在することがわかり、何かが私の中で引っかかった。

私たちの体の中には「貪食(どんしょく)細胞」と呼ばれ、「不要な物を食べて体内を掃除する役目」の細胞が存在する。その代表がマクロファージだ。100年以上前に、ロシアの

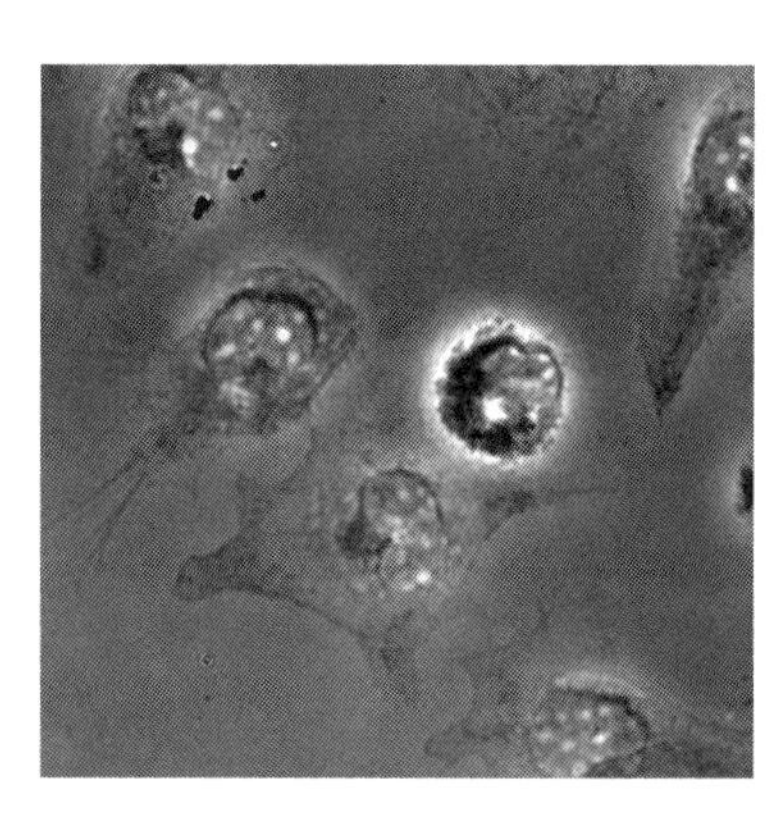

マクロファージ

科学者メチニコフ博士は、マクロファージが細菌を食べて体を感染から守るシステムを発見し、「食細胞機構」と名づけた。つまり、食細胞機構は生体が持つ外敵に対する防御機能の一つといえる。

結局、このタンパク質はTリンパ球とは関係なかったが、マクロファージを長生きさせる（死ににくくする）らしいことがわかったので、「マクロファージの細胞死（アポトーシス）を抑制する分子」――「Apoptosis Inhibitor of Macrophage＝ＡＩＭ」と名づけ、１９９９年に論文を免疫学では権威ある雑誌である『ジャーナル・オブ・エクスペリメンタル・メディシン（Journal of Experimental Medicine）』

に発表した。
これが、本書のテーマである「AIM」との出会いだった。

AIMを発見したが…

しかし、「AIM」と名づけてはみたものの、AIMが実際に体の中で何をやっているか、さっぱりわかっていなかった。

新しい分子を発見したのだから、そのはたらきを調べるためにいろいろな実験を行った。熊本で学び、ストラスブールで磨いた遺伝子改変技術を使い、AIMを持っていないマウス（遺伝子操作で特定の遺伝子を欠損させたマウスを「ノックアウトマウス」と呼ぶ）を作製し、AIMを持っている通常のマウス

Apoptosis……細胞死
I nhibitor of……抑制する
Macrophage……マクロファージ
↓
マクロファージの細胞死（アポトーシス）を抑制する分子

AIM

と比較解析をして、何か違いを見つけようと考えた。

ＡＩＭを持っていないことによって起こる違いが見つかれば、そこを起点にＡＩＭが体でどのようなはたらきをしているかが解明できるからだ。

そのときはＡＩＭを「免疫に関連する分子なのだろう」と思っていたので、ノックアウトマウスのＴリンパ球やＢリンパ球、マクロファージなど免疫系の細胞の数や形、はたらきもとことん調べたが、通常のマウスとまったく違いがない。あまりに何も変わらないので、免疫系以外で体や臓器の形、機能、あるいは寿命、特定の病気へのなりやすさ、生殖能力などなど、ありとあらゆることについて調べたが、そこにも違いはない。「見事に」と言っていいくらい、何も違いが見つからなかった。

要するに、ＡＩＭを持たないノックアウトマウスはまったく普通だったので、ＡＩＭが体の中でいったい何をしているのかわからないままだった。

「ＡＩＭを細胞に振りかけて何か起こるか」という実験も散々したが、ほとんど何も起こらない。唯一、マクロファージに振りかけると、細胞がわずかに死ににくくなる（元気になる）ことが観察されたので「ＡＩＭ」と名づけたのだが、それもほかになんの特徴もないからだった。

しかも、「マクロファージが死ににくくなる」という効果は、マウスの体になんの変化も起こしていなかった。ＡＩＭがなくても体の細胞が死にやすくなっているわけではなく、何も変わらない。さすがに、「ＡＩＭは単に血液中にあるだけで、なんのはたらきもないのではないか…」と思い始めた時期もあった。

実は、この分子を見つけたとき、ストラスブールでボスだったマティス先生に相談したのだが、先生にも「あなたはＨＬＡ－ＤＭとＴリンパ球の研究で成功して名を上げたのだから、そんな関係のない分子は捨てなさい」と言われてしまった。

しかし、どうしても捨てる気になれなかった。

その理由を問われても、うまく説明することができない。「このタンパク質が血液の中に高濃度で存在するのだから、生体にとってなんらかの重要な意味があるのだろう」と考えたことはあるが、なんとなく「これはちゃんと研究したほうがいいな」と思っただけだった。

「研究のパラダイス」を支えた人物

ＡＩＭを見つけ、その研究を続けることができたのは、バーゼル研という自由に研究ができる組織に所属していたからだ。

バーゼル研は、バーゼルに本社を置く世界的製薬企業ロッシュが１００％財政支援をしていたが、ロッシュからは完全に独立して運営されていた。

研究員として採用されれば、潤沢な研究費とかなりよいサラリーが与えられ、免疫に関係することならなんでも好きな研究をしていいことになっていた。しかも、研究所が得た研究成果は完全に研究者に帰属していて、ロッシュはその権利をすべて放棄していた。いまでは考えられないことだ。

このような研究のパラダイスが存在したのは、ひとえに当時のロッシュの会長のおかげだった。

彼の名前はパウル・ザッヒャー（Paul Sacher）。ウィーンで指揮者や作曲家として活躍していた芸術家で、ロッシュのオーナーの未亡人と結婚したことで会長に就任し、ビジネスのかたわら、多くの近現代作曲家や演奏家をスポンサーとして支えたことでも知られる。

彼は科学を芸術ととらえ、「その成果は全人類のためにある」という崇高な考えを持っていたが、それはまさに彼が芸術家だったからありえたものだ。

１９９９年に彼が亡くなり、ロッシュの実権が代替わりしてまもなく、ビジネスとして採算の合わないバーゼル研は翌２０００年に閉鎖されることが決定した。すべての免疫学者の憧れであった施設は、21世紀を迎えることなく、この世からなくなってしまった。

バーゼル研の閉鎖は、パウル・ザッヒャーが病床にあった１９９８年の暮れから１９９９年の初めごろには私たち研究員に伝えられ、みな次のポジションを探さなくてはならなかった。

私には東大の医局に帰るか、日本で研究者としての就職活動をするという道もあったが、そのときは迷うことなくアメリカで職を探すことにした。ヨーロッパに8年いて、バーゼル研では小さいとはいえ自分の研究室を主宰する経験も積んだので、次はアメリカでより大きな研究室を主宰してみたいと考えたからだった。

実はそれ以上に、そもそも自分が臨床から基礎研究の道に入った理由である「〈治せない病気〉を治す」という目標を達成できるような研究者のレベルに達してはいなかった。これではまだ日本に帰るわけにはいかない。誰にも言わなかったが、内心ではそう考えていた。

そこで、いくつかの大学を当たったところ、テキサス大学からよい条件でオファーをもらうことができた。

テキサス大学に移ったのは2000年6月だったが、最初の年はスタートアップのために当時のレートで5千万円ほどになる研究費を与えられた。このお金で研究室をセットアップし、研究を開始しつつ、アメリカ国立衛生研究所（NIH）をはじめいくつかの研究費申請を始めた。最初の1年でJDRF（若年性糖尿病研究財団）やアメリカ肝臓財団などから研究費が取れ、2年目にはNIHの「R01」という研究費(年間3千万円程度が5年間提供される)が取れ、十分研究できる体制となった。

突き詰めた〝小さな違和感〟の正体

テキサス大では十分な研究費を獲得し、AIMの研究を続けたが、やはり成果は出なかった。

しかし、それでも研究をやめることはできなかった。さまざまな実験を繰り返していると、確たる成果は出ないものの、データに〝小さな違和感〟を覚えることが何度もあったからだ。

1999年にAIMの発見を論文発表してから、それを読んだ何人もの研究者がAIMの研究を開始した。その人たちにAIMを持たないノックアウトマウスも分け与えていたし、情報も交換していた。しかし、彼らにも実態は見えず、そのうちみな

テキサス大での筆者(2006年)

ＡＩＭの研究をやめてしまった。

そして私のアメリカ時代も後半に差しかかるころには、ＡＩＭの研究は世界中で私しか続けていなかった。

しかし、ＡＩＭの正体に近づく日はついに来た。

そのころ「マイクロアレイ」という実験技法が開発され、多くの研究者が競ってその方法を使って研究を行い論文発表をしていた。

これは、例えば薬剤などの刺激に反応して、細胞やマウスの臓器でどのような遺伝子がタンパク質を生成しているかを網羅的に調べることができる技法だ。遺伝子がタンパク質を生成することを「発現」と言うが、それまでは自分の興味ある遺伝子について1個ずつその発現を調べなくてはならなかったのに対し、この方法を使うと、ある刺激に対して数百という遺伝子が発現してくる様子が1回の実験でわかる。

ある日、たまたまマイクロアレイ技法による実験結果についての論文を読んでいたら、ある薬剤を細胞に振りかけることによって発現する数百の遺伝子のリストの上位にＡＩＭがあるのを見つけた。

その論文は特にＡＩＭに注目していたわけではなく、その薬剤の性質を研究したにすぎないものだったが、私の目には遺伝子の一覧表の中の「ＡＩＭ」の名前しか入らなかった。そしてその薬剤は、「動脈硬化」と強い関係が報告されていたものだったのだ。

それを見て私は、いままで免疫に関係するとばかり思っていたＡＩＭは、実は「動脈硬化に関係するタンパク質だったのかもしれない…」と思った。

つまり、免疫学の眼でばかり研究していたから、いくら研究してもＡＩＭの正体が見えなかったのではないか、と考えたのだ。

私の研究室では、ＡＩＭの有無による違いを調べていたので、実験に使うマウスは、どれも健康体だった。

そこで、大学内で飼われている動脈硬化を起こすように遺伝子改変されたマウスを探したところ簡単に入手できた。実は、テキサス大は脂質・コレステロールの研究では世界一で、動脈硬化の成り立ちを研究している有名な研究者がたくさんいたからだ。

そして、私の研究室に東大農学部から大学院生として来ていた新井郷子さんに頼み、ＡＩＭに反応する抗体に発色剤をつけたうえで、動脈硬化を起こしているマウスの血管に振りかける実験をしてもらった。

もし動脈硬化の病巣でＡＩＭがたくさん作られていたら、抗体がＡＩＭにくっつき、発色してＡＩＭが可視化されるはずだ。

すると、動脈硬化巣と呼ばれる、血管壁が厚くなり内側に飛び出してくる部分に、発色したＡＩＭがべったりとくっついていることがわかった。これは明らかに動脈硬化の病態にＡＩＭが関与していることを強く示唆する結果であった。

これまでのマウスを使った実験ではほとんど何も起こらなかったが、初めて何かの病気とＡＩＭがつながった瞬間だった。

そしてその後、この動脈硬化を起こすマウスとＡＩＭのノックアウトマウスを交配させて、およそ考えられる最速の時間でＡＩＭを持っていない動脈硬化マウスを作製し、新井さんを中心にしてこのマウスを徹底的に調べた。

さらに、初めて動脈硬化巣でＡＩＭの染色に成功してから半年後には、ＡＩＭが動脈硬化巣の成り立ちに重要な役割を持っていることが判明した。

動脈硬化は、「悪玉コレステロール」と呼ばれるＬＤＬコレステロールが血管壁に沈着することで発症する。血管壁の内側に飛び出している動脈硬化巣には、泡状になったマクロファージが集まり、それらによって動脈硬化巣は硬くなり、血液を流れにくくする。その結果、心筋梗塞や狭心症、脳卒中などの病気を引き起こす。

動脈硬化巣に集まったマクロファージは、ＡＩＭをたくさん生成していた。ＡＩＭのはたらきはマクロファージを長生きさせることだから、マクロファージの数が増え続け、動脈硬化巣の壁はどんどん厚くなっていく。

動脈硬化の仕組み

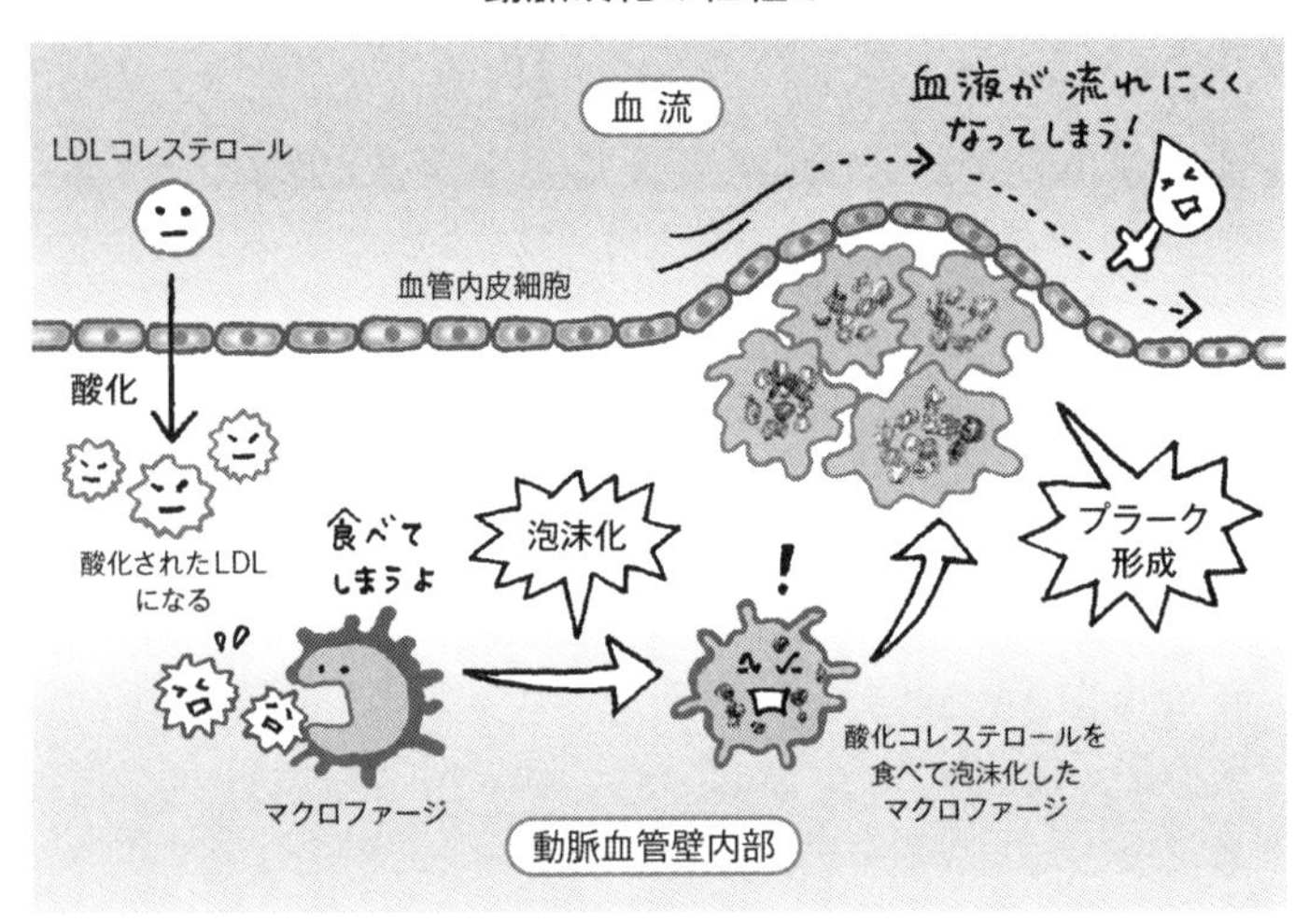

そこで、ＡＩＭを持たないノックアウトマウスに動脈硬化が起きるように誘導すると、マクロファージが死にやすいので、動脈硬化巣の壁は厚くならず、動脈硬化の進行は通常マウスよりも遅くなった。

つまり、本来は細菌やウイルスをやっつける「善玉」であるはずのマクロファージ細胞が、ここでは悪玉コレステロールを溜め込んで、動脈硬化を発生させていた。さらに細胞を長生きさせるというＡＩＭのよい性質がこの場合は逆に作用して、動脈硬化を悪化させていたのだ。

こうした事実がわかってきたのは、私がテキサス大に移って5年目の2004年のことで、翌2005年に新井さんを筆頭著者として『セル・メタボリズム（Cell Metabolism）』に論文発表をした。

のちにＡＩＭは動脈硬化以外にもさまざまな病気に関係していることが判明するが、結局のところ、ＡＩＭの実験で私を悩ませていた違和感の正体は、健康体のマウスとなんらかの病気を持ったマウスの違いだったことになる。

無菌状態で育てたマウスは、本来であればすべてが健康体のはずだが、それでも何かの刺激で癌（がん）細胞が生じていたり、実験に使うまでの間に感染症にかかったりすることがある。

ノックアウトマウスの中で、健康体のマウスは通常のマウスと同じ実験結果が出るが、不健康なマウスの場合は異なる数値になる。それがデータの「ぶれ」として現れていたのだ。

私がＡＩＭの発見を発表して以来、その違和感を突き詰め、論文としての成果が出るまで、6年の時間がたっていた。

ブレークスルーはどこから？

私は『セル・メタボリズム』に論文を発表した翌年の2006年、15年ぶりに日本に戻り、東大の教授に就任した。

したがって、アメリカ時代の最後の最後に、やっとAIMの一端を明らかにすることができたわけだ。もし日本で研究していたら、間違いなく研究費が取れず、早々にAIMの研究から撤退しなくてはならなかっただろう。なんといっても、6年もAIMに関する論文を出せていなかったのだから。

その点、アメリカは懐が深かった。論文は出ていなくても、「何かおもしろそうだ」と感じてくれたのだろうか、NIHが必要な研究費を出してサポートしてくれた。

日本では、どちらかというと、論文が出た後に研究費がもらえる。しかしそれでは、とても重要な研究を芽が出ないうちに潰してしまっているのかもしれない。

テキサス大にいた6年間、ＡＩＭに関する論文は1本だけだったが、ＡＩＭ以外のテーマの論文はいくつか出していた。

実はアメリカに渡ってから、自分は免疫学の専門家だという考え方を捨て、いろいろな難治性の病気の原因解明にチャレンジしていた。ＡＩＭの研究をしながら、白血病や先天性プロピオン酸血症など、やはり治療法に乏しい、いくつかの病気の研究も行い、それに関する論文は出していた。

ただ、その成果が世に認められていたかといえばそうではなく、研究費が取れていたのは、最後まで論文が出なかったＡＩＭだけだったのだ。その段階でＡＩＭはまだまったく得体の知れない分子だったが、私だけではなく、研究費の審査員たちにとっても、何か引っかかるおもしろさを持っていたのかもしれない。

もう一つ、このとき強く感じたのは、「専門性の弊害」だ。

人は何かの専門家となってこそ、世の中に認知され、仕事がしやすくなる。

医学の世界でも、何かの専門領域でずっと仕事をしていることが尊ばれる。私も、ヨーロッパ、アメリカで免疫学を研究し、「免疫学の専門家」と呼ばれるようになっていた。先にも書いたが、ＡＩＭは免疫細胞であるマクロファージが産生するタンパク質でもあるし、免疫に関与する分子と信じて疑わず、ずっと免疫学者の眼で研究を続けていた。

要するに、免疫学の専門家は免疫に関係しそうなテーマにしか興味を持たず、同時に、どんな新しい現象も、自分の専門の免疫学の知識・常識の中で理解しようとする。結局のところ、とても狭い見方しかできないので、往々にして「視れども見えず」という状況に陥っていたのだ。

ＡＩＭのはたらきがずっと見えなかったのは、おそらく、そのことも一因になっていたのだろう。

結局、研究のブレークスルーは、免疫の病気ではなく、その当時の流行(はや)りの技術にかかわる短い論文をたまたま読んで、それをヒントに動脈硬化のマウスを調べたことで得られた。

もし、あのまま免疫だけにこだわって研究を続けていたら、ＡＩＭの機能は当分わからなかっただろう。

何か新しいブレークスルーを得るには、専門に固執するのではなく、全方位指向性のアンテナをつねに張りめぐらせている必要があるのでは、と思った。

私がのちにネコのＡＩＭ研究に取り組むようになったのも、医学や獣医学というジャンルにこだわらず、何か役に立ちそうなことであれば、そこに飛びつくという性癖がここで無意識のうちに形成されていたからなのかもしれない。

なお、『セル・メタボリズム』に発表した論文の筆頭著者となった新井さんは、私がバーゼル研にいた１９９９年に夏休みの期間を利用して３カ月間、私の研究を手伝ってくれた人だった。

彼女は当時、東大農学部の修士課程の学生で、指導教官がその前にたまたまバーゼル研に見学に来られ、その縁で彼女を派遣してくれた。その３カ月でＡＩＭに興味を持った新井さんは、私がテキサス大に来て2年目の２００１年には、東大農学部の博

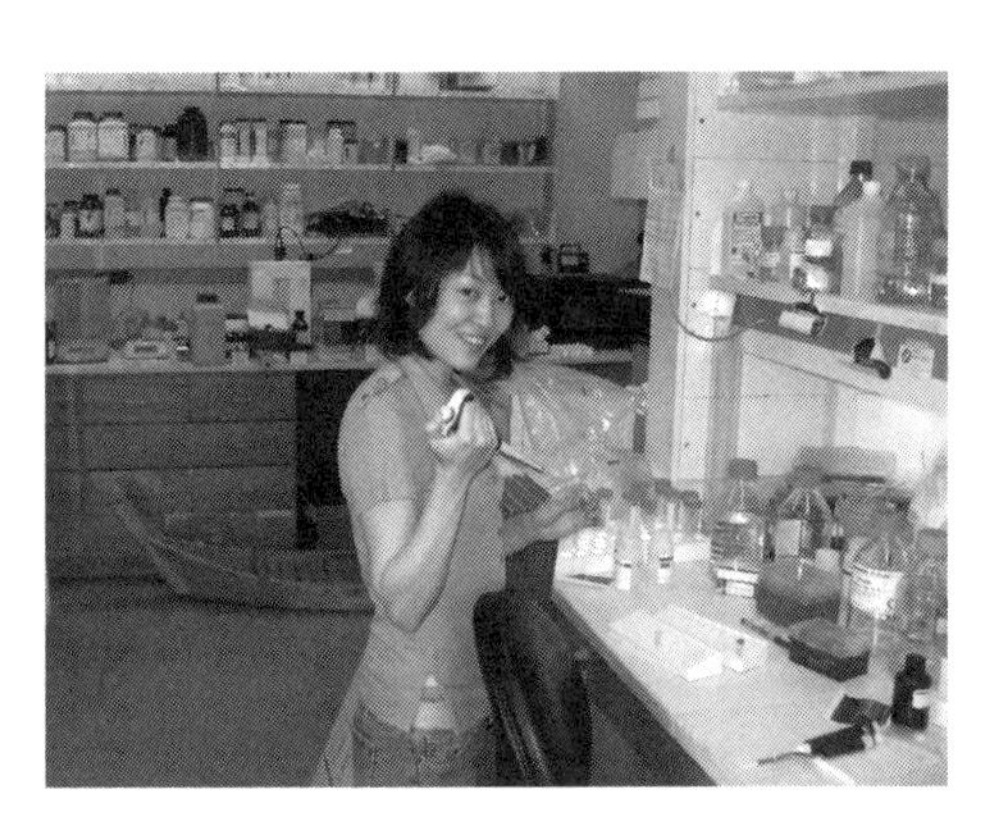

テキサス時代の新井郷子さん(2006年)

士課程学生の身分で私の研究室に来て、そのまま博士号を取ると、ポスドクとして居ついた。そして、のちに私が東大に復帰する際に助教として一緒に戻り、いまは私の教室で准教授を務めているが、その間ずっとAIMの研究に携わってきた。

新井さんもまた、AIMに魅せられ、AIMに取り憑かれた研究者の一人なのだ。

古巣の東大に

東大への復帰は、当初は望んでいたことではなかった。

２００４年の春先だったと思うが、ビザの更新のために日本に3週間だけ帰国した。ちょうど、動脈硬化とＡＩＭのかかわりについてのデータが出始めたころだ。

古巣の東大に遊びに行ったところ、友人から「医局（第三内科）の先輩の永井良三先生が病院長になられたので挨拶に行っておいたほうがいい」と言われた。かつて同じ第三内科に勤務していたとはいえ、永井先生は循環器がご専門、私は消化器ということもあって、それまであまり交流はなかったのだが、せっかくの機会なのでご挨拶にうかがった。

そこでいろいろお話しししているうちに、「今度、医工連携推進の一環で、新しく『疾患生命工学センター』という組織を医学部に立ち上げる。その初代教授の一人になる気はないか」と言われた。

しかし、私はそのころアメリカで研究費も十分あり、研究環境も快適だったうえ、ＡＩＭの研究もようやく動き出してきたときだったので、最初はお断りした。そのときはまだ40歳をすぎたばかりで、日本の医学部の教授には若すぎるとも思っていた。

ところが、永井先生の強い勧めもあって、あれよあれよという間に面接を受けることになってしまった。

その夏、面接のために再度帰国し、スーツを着込んで面接会場である医学部の本館に久しぶりに来てみると、学生時代と変わらぬ古い赤レンガの建物で、内部は冷房も効いていなかった。最新の実験機材がそろい、快適なテキサス大の研究室と比べれば、どうしても見劣りがしてしまい、ますます心が萎えた。

ところがその年の11月、ワシントンＤＣで開かれた学会に参加しているときに、「決まった」と電話連絡を受けた。非常に狼狽（ろうばい）したが、日本の医学部は先輩に逆らうことは難しい縦社会だから、いまさら断ることなどできなかった。

しかし、テキサス大での研究はまだ途中だったので、２００６年まで異動は待ってもらうことにし、２００５年の間は東大とテキサス大を兼任する形で、１～２カ月ごとに１週間ほど帰国する生活を送った。正式に東大に専任し、テキサス大から研究室を東大に移したのは２００６年６月のことであった。

音楽家は音楽の言葉で、科学者は科学の言葉で

このとき、せっかく15年ぶりに日本に教授として帰るのだから、研究室の立ち上げを記念して何かイベントをやろうと考えた。

まず頭に浮かんだのが、当時私が一番惹(ひ)かれていた音楽家で、世界的ピアニストのクリスティアン・ツィメルマン（Krystian Zimerman）と何か取り組むことだった。

彼はショパンと同じくポーランド出身で、かつて18歳の若さでショパンコンクールを制した天才だ。彼がバーゼルを本拠にしていたこともあって、私はヨーロッパで研究生活を送っていた時代から何度もコンサートで演奏を聴いていた。

彼の演奏を聴くたびに、ショパンであれシューベルトであれ、この演奏解釈以外には考えられないと思わせるものがあった。いわば、絶対的な演奏に聞こえたのだ。

通常、音楽には絶対的な解釈など存在せず、演奏者によってさまざまな解釈の可能

性がある、と考えられている。しかし彼の演奏を聴くといつも、「これしかない」と感じるのが不思議だった。

一方、科学の分野では真実は一つしかなく、それは絶対的なもので、その真実を見つけ科学の言葉で表現するのが私たちの仕事だ。

だから、もしかしたら音楽にも突き詰めると絶対的な解釈というものが存在し、ツィメルマンはそれを探求し表現しているのかもしれない、と思った。そうであれば、どのようにして絶対的な解釈に迫るのか、それを本人にぜひ聞いてみたかった。

そこで私は、帰国する前年の2005年12月に、ツィメルマンの日本でのマネジメント会社であるジャパン・アーツの担当者であった村田さんにアメリカから電話をした。そして、「来年東大の教授として日本に帰るのだが、ついてはぜひツィメルマンと音楽と科学についての討論会のようなイベントを企画できないか。また彼にピアノも弾いてもらえないか」といきなりお願いした。

村田さんは初め、「この人は頭がおかしいのではないか」と思われたそうで、あやうく電話を切られるところだったが、なんとか話を聞いてもらい、2006年2月に一時帰国した際、会って話を聞いてもらえることになった。

村田さんと初めて会うと、彼の行きつけだという新宿歌舞伎町の小さな居酒屋に連れていかれた。そこで6時間飲むうちに意気投合してきて、とうとう最後にはふらふらになりながら、村田さんは「宮崎さんね、あなた、すごく気に入った。こうなったら私はもうやりますよ。あしたツィメルマンに電話して説得します！」と言ってそのままテーブルで寝てしまった。私もさすがに前後不覚の状態になったが、なんとか泊まっていたホテルまで帰った。

そして翌日のお昼ごろ、ものすごい頭痛の中で村田さんからの電話を受けると、「宮崎さん、ツィメルマンやるって」とひと言だけ言われた。

その後はツィメルマンが日本で予定していたツアーに合わせてイベントの日程を決め、会場となる安田講堂の使用許可申請やプログラムの決定、チケットはどうするか、ポスターはどうするか、ピアノの手配は、などなど、アメリカから毎日のように村田さんと相談して決めていった。

結局、イベントでは最初に40分ほどツィメルマンにピアノを弾いてもらい、後半に音楽と科学について私と二人でディスカッションをすることに決定した。曲目はその年の日本ツアーで弾く、モーツァルトのピアノソナタとショパンのバラード4番に決まった。

5月に日本に戻ってからは、東大ピアノの会や東大オーケストラの学生たち、そして医学部の施設係の方々に手伝ってもらって準備を進めた。ツィメルマンから、「なるべく東大の学生に聞いてもらいたいから大がかりな告知や宣伝はせず、学内でのポスターと口コミだけにすること」など、彼らしいこだわりの条件が出された。

そのこともあって集客に不安もあったが、6月16日の当日を迎えると、どこからか情報を得てやって来た学外の方々も含むたくさんの人たちで、東大の正門から長い行列が開演数時間前からできて、開場すると安田講堂が聴衆でいっぱいに埋まった。

最後の最後まで難問だらけで本当にできるのかわからなかったから、舞台にツィメルマンが現れて、モーツァルトのピアノソナタの最初の1音が弾かれたとき、その音のあまりの美しさと安堵（あんど）のために思わず涙が出た。

ツィメルマンのピアノコンサートのポスター

ディスカッションの様子　ツィメルマン(左)と筆者(右)

ディスカッションは打ち合わせなしのフリートークで、ツィメルマンの独壇場だったが、やはり音楽も科学も、自然や生命そして人間の精神の美しさや不思議さを想い、探求し、「音楽家は音楽の言葉で、科学者は科学の言葉で表現する。つまり同じことをしているのだ」ということで落ち着いた。

ツィメルマンのすばらしい演奏とトークに、集まった聴衆も満足してくれたようだった。イベントとして大成功したことに、私も満足した。

しかし、自分の教授就任記念に学内でイベントをするなどということが、東大で前代未聞であることには、まったく気づいていなかった。よかれと思ってやったことで、学生たちもとても喜んでくれたが、医学部の教授では最年少の若輩者が、イベントを成功させて悦に入っている姿は、諸先輩方にはあまり評判がよろしくなかったようである。

第4章

〈治せない病気〉とAIM

15年経ても、〈治せない病気〉は依然治らず

1992年にフランスのストラスブールにあるルイ・パスツール大学の分子細胞生物遺伝学研究所に留学してから、バーゼル研、テキサス大を経て2006年に東大に戻るまで、私の海外での研究生活は15年間に及んだ。

ただ、その15年間で私が研修医時代にいだいた「〈治せない病気〉を治したい」という想いが実現したかといえば、答えは「否」であった。

もちろん、〈治せる病気〉の治療法は、その15年の間に進歩した。抗癌(がん)剤の発展はあったし、白血病に対しては幹細胞移植など画期的な方法が開発された。ロボット手術や診断技術も進展していた。

しかし、腎臓病や自己免疫疾患については、残念ながら、状況はほとんど変わっていなかった。自分も15年の間に免疫学の専門家の一人に数えられるようになってはい

たが、それでは研修医のときに手も足も出なかった自己免疫疾患に対して、「根本的な治療法が思いつくか」と問われると何もなかった。

それどころか、新たにアルツハイマー型認知症など脳の病気が、〈治せない病気〉の一つとしてより顕在化した。また、脳梗塞や脳出血も認知症の原因となるが、梗塞や出血の発症率も以前より上昇していた。

このほか、致死的な心血管系の疾患の原因となる生活習慣病も急速に社会問題化したが、それにともなう非アルコール性脂肪性肝炎（ＮＡＳＨ）という肝臓病もまた、進行すると治療法がない病気である。脂肪肝は重症化すると、肝硬変や肝臓癌に進行する。

〈治せない病気〉は、現代社会でより多様化し、むしろ患者の数は増えていたのだった。

〈治せない病気〉の共通点

このような〈治せない病気〉を眺めてみると、腎臓病や自己免疫疾患、アルツハイマー型認知症……と多種多様で、何かの病気の専門医がすべて対応できるものでもないし、同じ学会で取り扱われるようなものでもなかった。

しかし、そのような多種多様な〈治せない病気〉が、現代社会では一様に患者が増加していることはとても不思議に思えた。

ひょっとすると、これらの病気が発症したり悪化したりする共通の機序があって、それが現代社会の環境や生活スタイルと関連しているから、それらの病気がみんな増えているのではないか、そんな発想がわいてきた。

もしそういった共通の機序があるのなら、そこを標的とした新しい治療法の開発の可能性があり、共通した治療法でいろいろな病気が治せるようになるのではないか。

そうこう考えているうちに、これらの病気の多くに共通点があることに気がついた。これらの病気は、感染症のように体外から病原体が侵入して起こる病気ではなく、「体から出たなんらかのゴミが溜まった結果、発症する」ということが共通していたのだ。

腎臓病の場合、多くは最初に「尿細管」という尿の通り道に死んだ細胞の破片（「デブリ」と呼ばれる）が溜まって、尿細管が詰まってしまうことから始まる。詰まっているデブリが速やかに取り除かれないと、尿細管の周辺では炎症が発生する。尿細管周囲の炎症はやがて老廃物の濾過装置である糸球体に及び、結果的にネフロンが死んでしまう。特に、急性腎障害で一気に半分以上のネフロンが機能を失えば腎機能は急激に低下し、老廃物を濾過して体外に排出することが難しくなる。

慢性腎臓病においては、尿細管で発生した炎症からネフロンが1個2個と徐々に死んでいき、ついに大半が死んでしまうと、同じように腎機能は著しく低下する。しかも死んだネフロンは再生しないので、いったん低下した腎機能は決してもとに戻らない。

腎障害の仕組み

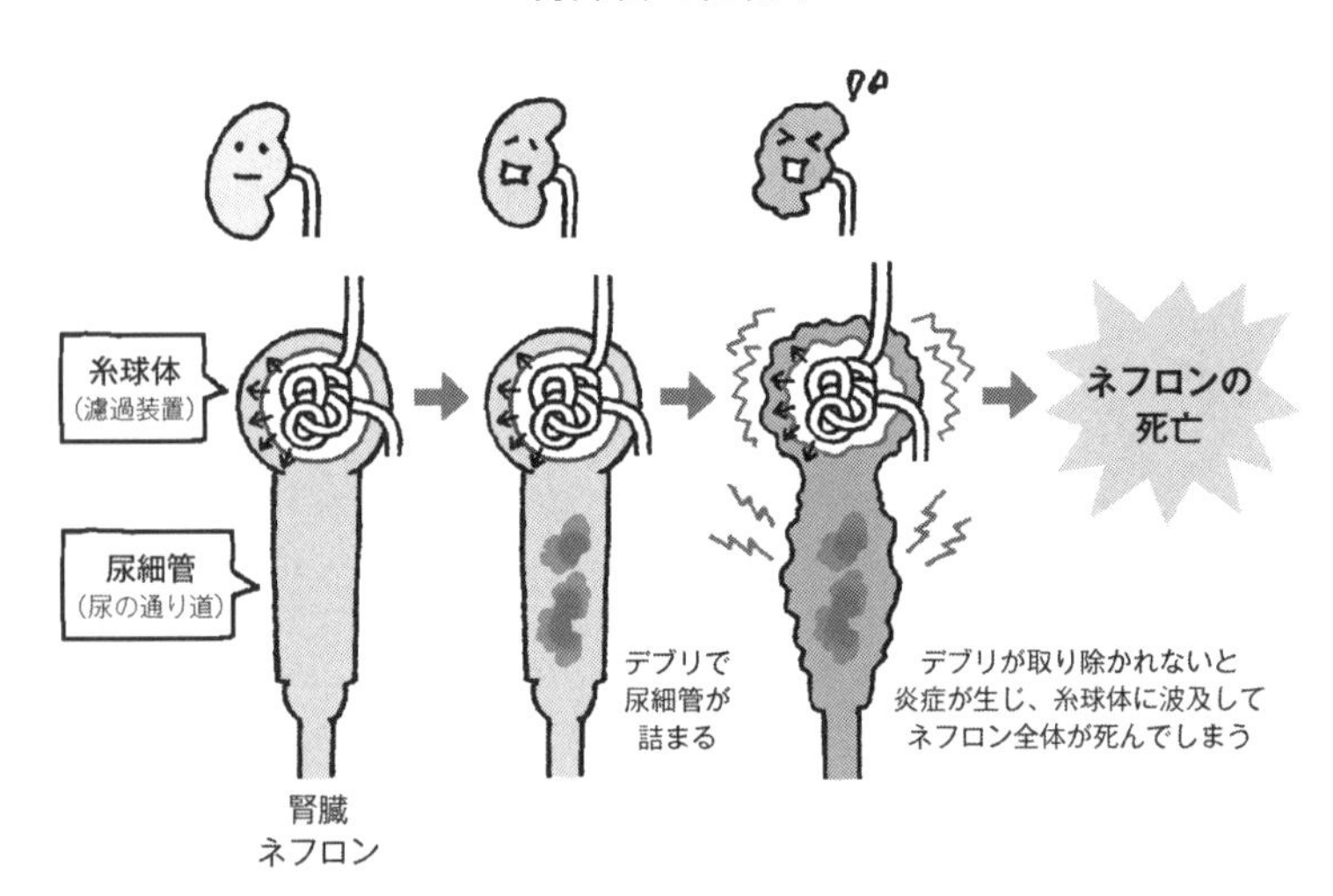

ここで言う「炎症」とは、体の免疫系がウイルスや細菌など外来の病原体と戦う現象のことだ。

免疫系の代表であるTリンパ球は「サイトカイン」というタンパク質を分泌し、またBリンパ球は抗体を武器にして、それぞれ特定の病原体を標的に戦う。マクロファージのような貪食細胞もサイトカインを分泌し、病原体を退治する。

貪食細胞の場合は、リンパ球のようなピンポイント攻撃ではなく、より広範な種類の病原体を攻撃対

免疫系がウイルスや病原体と戦う様子

ヘルパーＴ細胞

サイトカインというタンパク質を分泌し、
Ｂ細胞やキラー細胞に知らせる

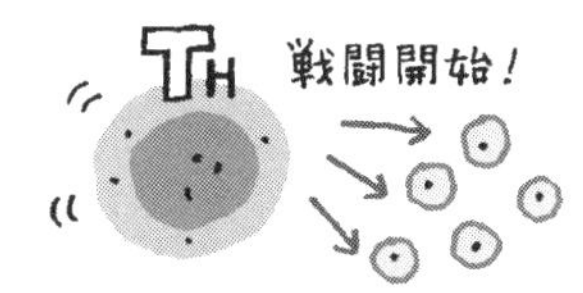

キラーＴ細胞

撃退する

Ｂ細胞

抗体を武器にして、病原体と戦う

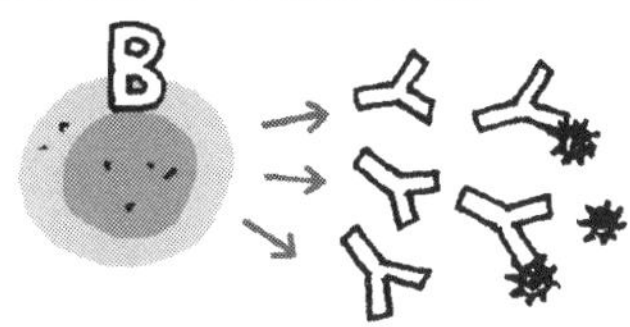

マクロファージ

病原菌を食べる

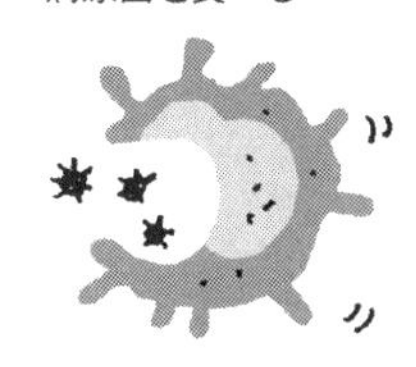

象にするため「自然免疫」と呼ばれている。
いずれにせよ免疫系は敵である病原体を退治し終えると速やかに撤退するので、炎症は長く持続するものではなく、一過性の現象であるのが本来の姿なのである。
ところが、腎臓で尿細管を詰まらせているデブリは、体に害をなすものではあるが、もともとは自分自身の細胞だったものなので、免疫系はそれらをはっきり敵と認識できない。
だから攻撃も中途半端で炎症も

弱いうえに、細菌相手の場合と異なり、攻撃のねらいが定まらず、流れ弾が当たるような形で周囲の正常な組織も傷つけてしまう。

体の細胞はつねに新しいものに入れ替わり、古い死んだ細胞のゴミは生きているかぎり無尽蔵に生成される。

したがって、こうした弱くだらだらとした免疫系の攻撃が敵をはっきり認識できない状況で続くため、「慢性的に続く炎症」という異常な状況が成立し、長期にわたって正常な自分の組織を傷つけ、最終的には腎機能を低下させてしまうのだ。

〈治せない病気〉の多くは、外敵に「炎症」という戦いを仕かけ、私たちの体を守ろうとするはずの免疫系が、逆に自分の体を傷つけるように作用しているのだといえる。その意味では、自己免疫疾患と同じ図式である。

しかも、外から来る敵の場合、普通は敵の数に限りがあるが、体の中から出るゴミは、生きているかぎり生成される。だから、慢性炎症という反応はエンドレスで終わりがない。

脳の中にアミロイドβが溜まってプラークができる様子

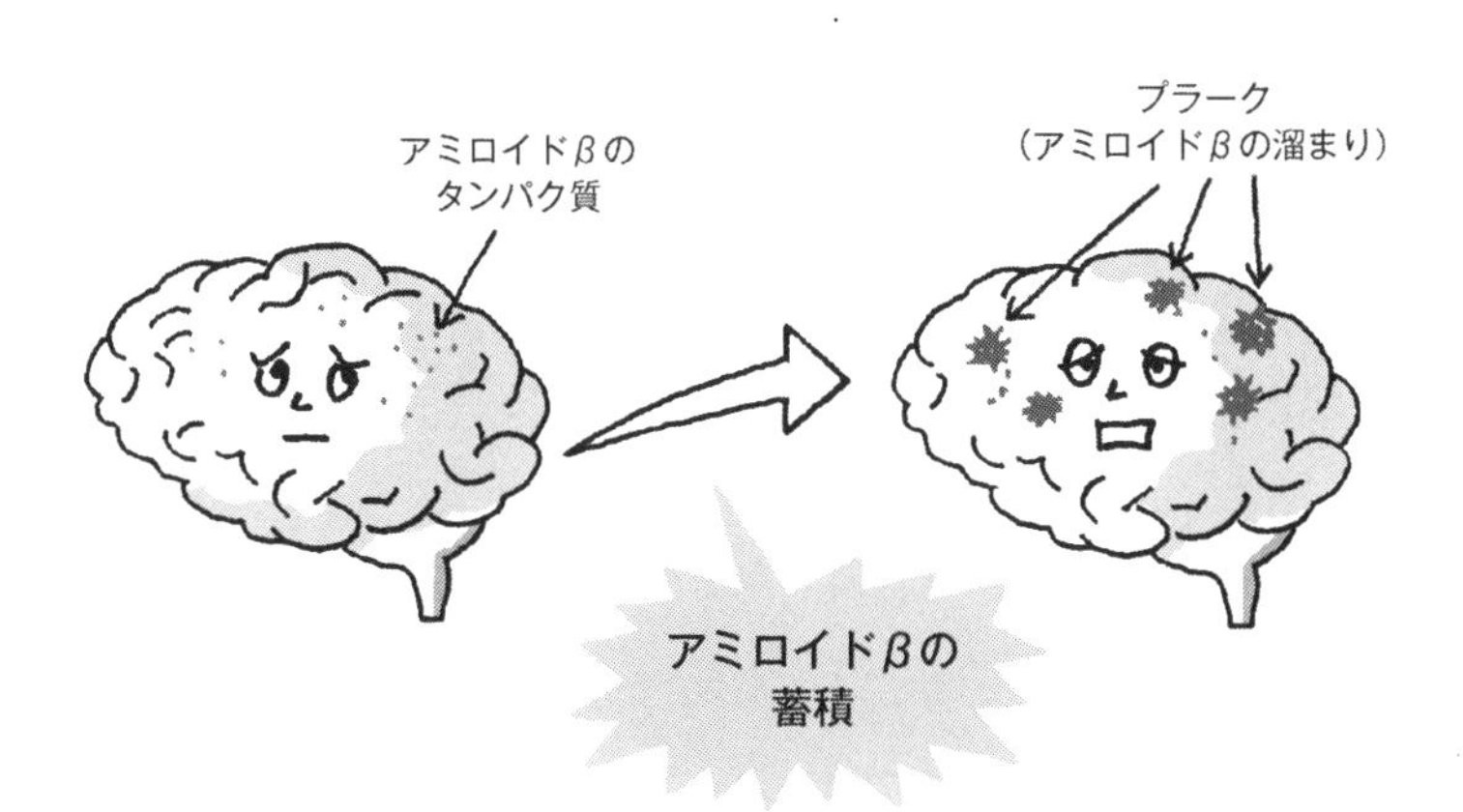

実はアルツハイマー型認知症も、腎臓病と同じく、「ゴミの蓄積」が病気の原因となる。

脳内では、少ないが一定の割合で、正常な形でない「アミロイドβ」というタンパク質断片ができてしまう。それがうまく取り除かれず溜まってしまうと、脳の中にかたまり（「プラーク」と呼ぶ）が形成されていき、病気の原因となるのだ。

そのため、極論すれば、溜まりゆくゴミの影響を受ける腎臓や脳などの組織は、死ぬまで機能が低下し続けることになる。

現代社会で、〈治せない病気〉が多様化し、患者の数が増えているのは、おそらく急激な社会環境や生活スタイルの変化、高齢化社会、ストレス社会などの理由によって、体の中でゴミが発生しやすくなり、従来私たちが持っている〝ゴミ掃除能力〟を超えているのではないか。私はそのように考えた。

〝ゴミ掃除〟というシンプルな回答

その論理に従えば、「多くの〈治せない病気〉は、〝ゴミ掃除〟の機能を強化すれば治せるようになるのではないか」という簡単な結論になる。

それならば、なぜこれまで、治らなかった病気に対して、誰も〝ゴミ掃除〟を治療法や薬として応用・開発しなかったのだろうか。

そうならなかった主な原因は、私の考えでは二つある。

一つ目は、私も含めて、病気を研究する科学者の多くが、「なぜそのようなゴミができるのか」「ゴミが出ないようにするにはどうしたらいいか」という点にひたすら焦点を当てて研究してきて、ゴミを掃除するほうにはなかなか思いが及ばなかったからではないか、という点である。「なぜ、どのように細胞は死ぬのか？（死んだ細胞というゴミの発生過程）」「なぜ、脳内で異常なアミロイドβができるのか？（アルツハイマー型認知症の原因）」といったことばかりを追求してきた。

しかし考えてみれば、人間が生活をしていれば必ずゴミは出るのと同じで、生きているかぎり、このような生体内のゴミを出さないようにすることは不可能ではないのか？　そう割り切って、ゴミが出る速度より、掃除する能力を、ほんの少しでもいいから高く設定してやれば、結局ゴミは溜まらないし、溜まっていたゴミも最終的に取り除けるはずである。前者は病気の予防であり、後者は病気の治療となるはずだ。

では、どのようにして〝ゴミ掃除〟の能力を高めてやればいいのだろう。

このハードルの高さが、これまで〝ゴミ掃除〟を治療に使えなかった二つ目の理由ではないかと思われる。体の中には「貪食細胞」と呼ばれ、「物を食べて掃除する役目」の細胞が存在する。その食細胞機構は当初、免疫系と同じく、外敵に対する防御機構として考えられていたが、その後の研究で、貪食細胞は、細菌などの外来の敵だけではなく、身体由来のゴミも食べることがわかってきた。

それにもかかわらず、食細胞機構が腎臓病や脳の病気の治療に応用されることはなかった。

その理由は、貪食細胞のはたらきを強め、同時にゴミだけをたくさん食べてくれるようにする方法がなかったからである。貪食細胞の機能をむやみに上昇させて、生きている正常な細胞や正常なタンパク質まで食べてしまっては、逆に体を傷つけてしまう。あくまで、ゴミだけを食べてくれなくてはならない。そのような方法が見出せなかったのだ。

私もアメリカ時代から、前述のように「〈治せない病気〉の共通性」や「〈治せない病気〉はなぜ治せないのか」についてずっと考えてきた。

貪食細胞に、生体から出るさまざまなゴミだけをたくさん食べて掃除してもらえるようにする方法、これが見つかれば、いままで治せなかった病気が治せるようになる可能性が大いにある。しかも、腎臓病やアルツハイマー型認知症、自己免疫疾患など多様な異なる病気を、同じ一つの方法・一つの薬で治せるようになるかもしれない。

しかし「さまざまな種類のゴミを掃除して、病気を治すような治療法とは何か」というところで、いつも壁に当たっていた。そういう薬を作ることができるのか、遺伝子治療であればなんとかできるのか、いくら考えてもわからなかった。

もちろん、それがＡＩＭと結びつくとは、この時点で夢にも思っていなかった。

答えは体の中にあった！

その壁を乗り越え、ある意味原始的と言えるほどきわめて単純な原理に私を行き着かせたのは、医者でも研究者でもない、ある経済人の言葉だった。

２００６年に日本に戻ってすぐのころ、当時㈱ＣＳＫで副社長をされていた有賀貞一さんと偶然知り合った。有賀さんは大変ワインがお好きで、膨大なコレクションをお持ちだった。そのワインが縁で知り合ったのだが、有賀さんは〈治せない病気〉が体の中のゴミによって起こるという私の考えに非常に興味を持ってくださった。

ある日、有賀さんのコレクションのワインをいただきながら語り合っていると、ふと「でもね、考えてみれば人類は100万年以上滅びずに生き延びてきたわけでしょう？　で、宮崎先生がおっしゃるゴミなんて、太古の昔から体では発生していたはずだ。ゴミが溜まって病気になるなら、祈祷（きとう）や呪術くらいの『治療法』しかなかった時代を生き延びてこられるはずはないと思います。だから体には、ちゃんと自分でいろいろなゴミを掃除する力が備わっているんじゃないですか？」とおっしゃった。

その言葉を聞いて、私は「そうか、たしかに体の中にそのようなメカニズムは備わっているはずだ」と思い、そして「現代では単に、その掃除能力を超えるくらいのゴミが溜まるようになっているだけに違いない。とすれば、そのメカニズムを強化すれば、自然にゴミは掃除され、〈治せない病気〉は治るはずだ」と考えた。

それまでは、ゴミ掃除の新しい方法ばかり考えていたが、そうではなくて、「もともと体に備わっている掃除のメカニズムを見つければいいのだ」と考え直したわけだ。

テキサス大でＡＩＭと動脈硬化のつながりを発見したとき、専門性を深めることが

有賀貞一氏

むしろブレークスルーを阻害していると感じたが、今回も医学の専門家ではない経済人のごく常識的なものの見方が、私を大きな発見に導いてくれたのだった。

その後、まったく偶然に、〈治せない病気〉と関係するとは思わずにずっと研究を続けていたＡＩＭが、体の中で発生する死んだ細胞を掃除するための要となるタンパク質であり、それを体の中に増やすことで腎臓病は治療できるということがわかった。

ずっと考え続けてきた〝ゴミ掃除説〟が、ここでようやくＡＩＭと結びつくことになったのだ。

さまざまな病気とＡＩＭのかかわり

有賀さんから貴重な示唆をいただく一方、私は免疫学という専門性と決別し、できるかぎり多くの病気とＡＩＭのかかわりを調べ始めた。

テキサス時代の最後に、ＡＩＭと動脈硬化の関連性が明らかになったとき、「もしかしたらＡＩＭは免疫に関連しているのではなく、脂質・代謝系の病気と関係があるのではないか」と考えた。

そこで日本に戻った後、ＡＩＭと肥満の関係を調べることにした。

まず、遺伝子改変でＡＩＭを持たないノックアウトマウスに高脂肪の餌を食べさせると、ＡＩＭを持っている通常のマウスに比べ異常に太ることがわかった。

そして、「そのマウスにＡＩＭを注射すると肥満は抑えられる」ということが実験から明らかになった。つまりＡＩＭは抗肥満作用を持つことを実証できたのだ。

ただ、「なぜＡＩＭが抗肥満作用をもたらすのか」、その理由は謎だった。それまでわかっていたのは、「マクロファージを長生きさせる」というはたらきだけで、それを援用してＡＩＭが肥満を抑制するメカニズムを説明することはできない。「ほかに何かＡＩＭのはたらきがあるはずだ」と思い、その後1年ほど悪戦苦闘したが、やはりわからなかった。

２００８年の冬、研究室にいた黒川淳君という学生が、ＡＩＭとは別の研究テーマで「脂肪細胞」を培養していた。

脂肪細胞とは私たちがおなかの中などに持っている脂肪組織（いわゆる脂身）を形作る細胞のことだ。この脂肪細胞の一個一個がたくさんの脂肪を溜め込んで膨れ上がり、脂身が大きくなって私たちは「太る」ことになる。

黒川君の手もとには、膨れ上がった脂肪細胞があったので、彼に「ＡＩＭを脂肪細胞に振りかけてみて」と頼んだ。

といっても、何か考えがあったわけではなく、そこに脂肪細胞がたまたまあったからそのように頼んだにすぎない。実際、このことはすぐに忘れてしまっていたのだが、3日ほどたつと黒川君がやってきて「先生、あの細胞の培養液がすごくドロドロになっています」と報告した。

そこで見にいってみると、普通はサラサラの培養液が濁って、ドロドロのゲルのようになっている。

細胞が何かの菌に感染した場合、こんな状態になることはあるが、どうも違うようだった。

そのとき、「そうか、ＡＩＭが細胞に溜まった脂肪を分解し、それが細胞の外に出てきているのだ！」とひらめいた。だから、「ノックアウトマウスにＡＩＭを注射すると、脂肪が溶けて痩せるのだ」と、これまでのデータが頭の中で一気に結びついた。

その仮説を証明するために行うべき実験も、一瞬で

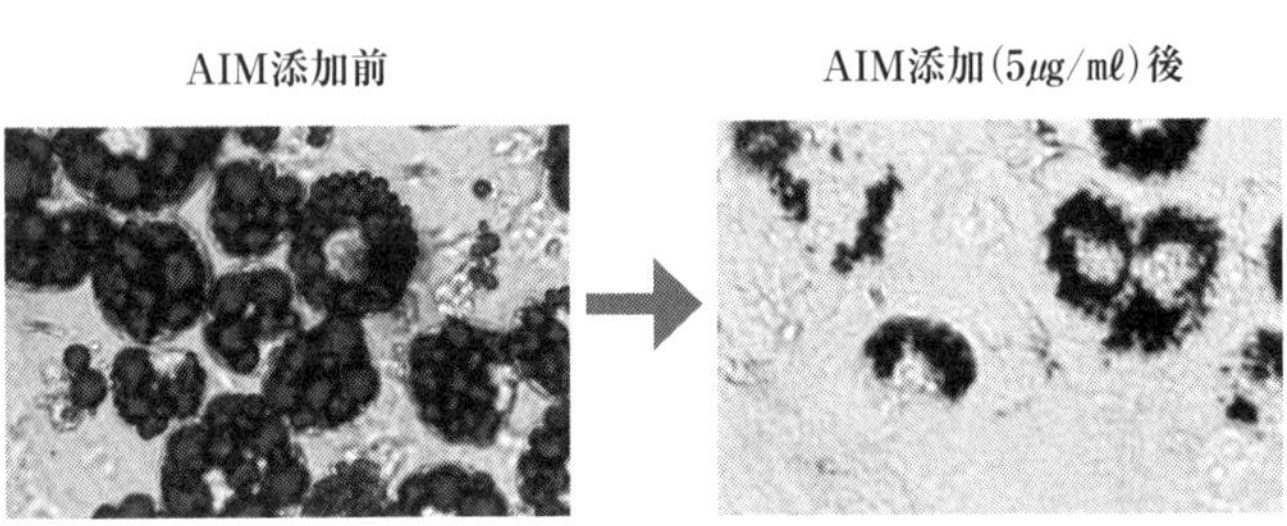

AIM添加前　　AIM添加(5μg/mℓ)後

AIMによって細胞の外に出た脂肪

頭の中に浮かんできた。とても興奮した瞬間であった。

それから約半年で、必要な実験をすべてやり終え、論文を作成し、２００９年の夏に黒川君を筆頭著者として『セル・メタボリズム』に投稿した。ＡＩＭを発見した１９９９年から、ちょうど10年目のことだった。

『セル・メタボリズム』からは、しばらくたって論文採用の通知があり、２０１０年の春に掲載された。

ここに至り、動脈硬化のときとはまったく違う、「脂肪細胞の中に溜まった余分な脂肪を取り除く」という新しいＡＩＭのはたらきが明らかになった。「不要なゴミを取り除いて病気を治す」という私の研究目的につながる初めてのヒントにもなった。

この論文は、「抗肥満」というキーワードが大きな社会的反響を引き起こし、テレビ出演の依頼も舞い込んできたほどだった。２０１３年には、ＡＩＭと肥満に関連した論文をもう1本、『セル・リポーツ（Cell Reports）』に発表した。

肥満の研究からは、ＡＩＭの別の機能も明らかになった。

AIMを持たないマウスは肝臓癌が高率に発生する

AIMを持っているため
癌化しなかった

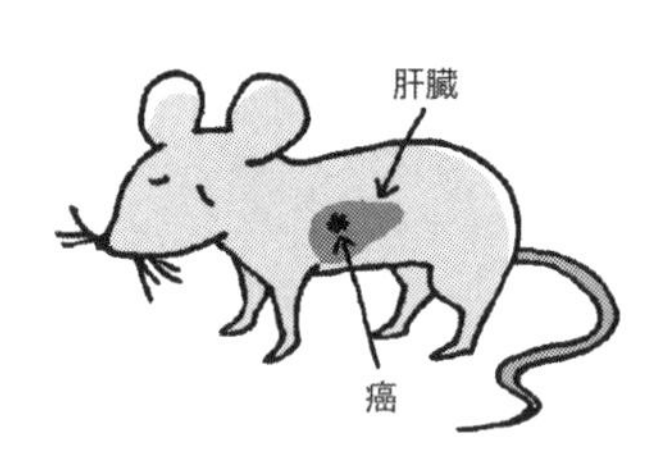

AIMを持っていなかったので
癌化した

マウスを肥満状態にするため、高脂肪の餌を与えていると、肝臓にも脂肪が溜まって脂肪肝になる。肥満と同様、AIMを持たないノックアウトマウスは通常マウスに比べて脂肪肝が速く進行し、重度になることがわかった。

生活習慣病の一つである脂肪肝を患う人は非常にたくさんいる。脂肪肝だけですめばいいが、そこから肝炎や肝硬変、ひどくなると肝臓癌も発症する。

これまで肝臓癌は、C型肝炎ウイルスに感染して慢性肝炎・肝硬変を患った人から発症するのがほとんどだった。ところが現在、公衆衛生の進歩で肝炎ウイルス感染者が激減したのと、よい薬剤ができたことでウイルス感染をきっかけにした肝臓癌の患者は徐々に減ってきている。その一方で、脂肪肝を起点とする肝臓癌は増えている。これは生活習慣病が蔓延（まんえん）して肥満者が増えたからにほかならない。

その脂肪肝から来る肝臓癌が、ＡＩＭで抑制できることが明らかになった。ＡＩＭを持たないノックアウトマウスと通常マウスに高脂肪の餌を与えて脂肪肝を発症させると、１年後にはノックアウトマウスは１００％肝臓癌を発症するが、ＡＩＭを持っている通常マウスは癌がほとんど起こらない。

また、癌ができたノックアウトマウスにＡＩＭを注射すると癌が小さくなる効果も確認できた。ＡＩＭが「癌細胞というゴミ」をどうやって取り除くかも解明した。それらの成果は論文にまとめ、２０１４年に『セル・リポーツ』に掲載された。

同じころ、長崎にある井上病院（井上健一郎院長）にご協力をいただき、健診センターを受診した約１万人の方々の血清（血液のうち凝固しない成分。生化学検査、免疫検査に用いる）を提供してもらうことができた。

老若男女の健常者1万人の血中ＡＩＭ濃度を測定することで、年代別や男女別の「正常値」を決定することができた。また若い女性はＡＩＭ値がとても高いことや、加齢によってＡＩＭ値が下がることもわかった。

血清の提供に当たり、井上病院が文字どおり献身的な協力をしてくれたことには、本当に感謝しかない。すべての健診受診者に研究の意義を説明していただき、検体を週2回ほぼ1年間にわたって長崎から東京まで送ってもらった。病院側としても大変な作業だったはずで、この協力がなければ、ヒトのＡＩＭの研究は、大きく立ち遅れていたはずだ。

さらに、私の古巣でもある東大消化器内科の協力を得て、肝炎や肝硬変の患者さんでのＡＩＭ濃度を調べることもできた。

これらの結果は、２０１４年に『プロスワン（PLOS ONE）』に発表した。

こうして、マウスだけではなくヒトでのＡＩＭの研究も行えるようになり、私の中ではいろいろな病気に対してＡＩＭが有効な治療法になりそうだという期待が高まっていった。

再び立ちはだかる「専門性」の壁

しかし、ここで再び研究の前に立ちはだかった壁が「専門性」であった。

ＡＩＭがたくさんの異なる病気に対して効果があればあるほど、逆に医学者からは受け入れてもらいにくくなる。そこには、「一つのタンパク質（＝ＡＩＭ）がまったく違うたくさんの病気に効果があるというのはおかしい」という考え方があった。

私も医学者だから、その気持ちはよく理解できる。医学は、物事を細分化し、専門性を高めることによって発展してきた学問といえる。病気のある現象を分子レベルで詳細に解き分けていくことによって、その病気がどうして起こるのかを探求してきた。

それぞれの病気は、それぞれ異なった特殊な発症メカニズムを持っているのだから、その道の専門家に「ＡＩＭという一つのタンパク質で、肥満や肝臓病や癌のすべてのメカニズムが抑えられるなどということはありえない、何かあやしい」と思われてしまうのは当然である。この時点では、ＡＩＭが体の中のゴミに作用するメカニズムには気づいていなかったので、ＡＩＭの研究をしている当の私も「なぜＡＩＭは、こんなにいろいろな病気に効果があるのだろう」と、不可解に思ったほどだ。

だから、肥満に対するＡＩＭの効果の論文を発表して、翌年には肝臓癌への効果の論文を出して癌の学会で発表すると、「昨年は肥満だったのに、今年は癌ですか」と言われるようになった。もちろん、これは決して感心されているわけではなく、皮肉である。

そして、次にＡＩＭの治療効果が確認されたのが、私が医学の基礎研究を志すきっかけになった腎臓病であった。ＡＩＭの守備範囲がさらに広がることで、医学の世界での評判がもっと悪くなるのかと焦りも生まれた。

しかし、実はこれがＡＩＭの研究で二つ目のブレークスルーとなり、ＡＩＭの持つ一見バラバラな病気への効果が、一つの共通した原理で結ばれていることを確信するきっかけとなった。

その原理こそ、有賀貞一さんに示唆された「自分でゴミを掃除する力」である。

第5章

AIMによる〝ゴミ掃除〟と腎臓病

腎臓病の研究を開始

腎臓病とＡＩＭの関連について研究を開始したのは、肝臓癌(がん)の論文が『セル・リポーツ』に掲載された２０１４年のことだった。

直接のきっかけは、香川大学医学部の依頼で講演をした際、そこで腎臓を研究していた西山明先生と知り合い、意気投合したことだったが、ちょうど肝臓の仕事がひと段落して、気持ちのうえでも落ち着いて新しい研究に取り組むことのできる時期だった。

最初は、遺伝子を改変してＡＩＭを持たないようにしたノックアウトマウスを香川大に送り、試しの実験をお願いすることから始め、その後、香川大の学生を私の研究室で預かり、本格的に腎臓疾患とＡＩＭの研究に取り組んだ。

急性腎障害（ＡＫＩ）はいろいろな原因で発症するが、最も多いのは腎臓への血流の急激な減少である。

事故による大量出血やショックによる血圧の急激な低下などで、腎臓に血液が十分に届かなくなると、その血液で栄養や酸素を補給されている腎臓内部の細胞が大量に死んでしまうからだ。

腎臓は血液を濾過（ろか）して老廃物を体外に排出する臓器だが、腎臓の細胞が必要とする栄養分や酸素は、濾過する血液が運んでくる。腎動脈は、腎臓の中に入ると細かく枝分かれして臓器の隅々に血液を届ける一方、その本流は糸球体を通過しながら老廃物を濾過し、きれいな血液となって腎臓から出ていく。

糸球体の先にある尿細管の内側に敷き詰められた上皮細胞は特にデリケートで、血流が遮断されるといっせいに死んで剝（は）がれ落ち、その死骸が「デブリ（ゴミ）」となって尿細管を詰まらせる。そこに炎症が発生し、やがて糸球体を含むネフロン（濾過装置）自体が機能を停止する。急性腎障害は、その現象が同時多発的に発生した状態のことだ。

また、心臓の手術では患者さんを人工心肺に接続するが、血液の循環を人工心肺に移し替える1〜2分の間、やはり腎臓への血流が低下してしまい、同じ原理で急性腎障害が生じることが多い。心臓手術の際に問題となる合併症の一つである。

急性腎障害の研究は、主にマウスやラット(同じネズミだが、マウスより大型。野生のドブネズミはラットである)で、腎動脈を一定時間閉じて血流を遮断し、実験的に腎障害を発症させるモデルを使って行われる。

遺伝子改変を加えていない普通のマウスにこの操作を行うと、血流遮断後1日目から3日目にかけて、腎機能低下のマーカーである血中のクレアチニン(Cre)値や尿素窒素値は上昇する。

マウスはいかにも具合が悪そうで、あまり動かなくなる。しかしその後、腎機能はゆるやかに改善し、7日目になるとマーカーの値もほぼ正常に戻り、マウスの全身状態も改善する。

ところが、AIMを持たないノックアウトマウスに同じことをすると、腎機能は普通のマウスと同様、急激に低下するが、そのまま改善することはなく、3日目以降に多くの個体が死んでしまう。

このことは、体の中にあるＡＩＭが腎障害の進行を食い止め、改善に向かわせる機能があることを意味する。実際に、ノックアウトマウスに急性腎障害を発症させてから3日間、毎日1回ＡＩＭを注射すると、腎機能は速やかに改善し、死亡率も著しく低下する。

ＡＩＭを注射した直後から、ノックアウトマウスの全身状態はよくなり、動き回るようになる。また、普通のマウスでも、腎臓への血流を長時間遮断することでより重症の急性腎障害を発症させると、3日目以降も腎機能は改善せず、ほとんどのマウスが死んでしまう。このようなマウスにＡＩＭを投与すると、やはり腎機能は改善し、マウスは死ななくなる。

つまり、ＡＩＭの投与は、それまで確実な治療法がなかった急性腎障害の効果的な治療法となりうることが明らかとなったのだ。

AIMによる治療のメカニズム

それでは、AIMはどのようにして急性腎障害（AKI）を治療しているのだろうか。急性腎障害を発症して1日目の普通のマウスの腎臓を調べてみると、尿細管に詰まっているデブリの表面に、べったりとAIMがくっついていることがわかった。もちろん、AIMを持たないノックアウトマウスではデブリにAIMはついていないが、ノックアウトマウスにAIMを注射した後はAIMがデブリに付着していた。

3日目の腎臓を調べると、普通のマウスやAIMを注射したノックアウトマウスでは、デブリによる尿細管の詰まりは急激に改善されているが、AIMを注射していないノックアウトマウスでは、デブリの量は減っておらず、詰まりは解消されていない。

AIMがデブリを掃除しているわけではない。試験管の中でAIMとデブリを混ぜても何も起こらないのである。

目印となって自分を食べさせるAIM

マクロファージが
AIMを認識して不要物（生体ゴミ）を除去する

それでは何が起こっているかというと、腎臓の中の貪食細胞が、ＡＩＭを目印にしてデブリに到達し、ＡＩＭと一緒にデブリを食べてしまうのだ。貪食細胞に食べられたデブリとＡＩＭは、そのまま細胞の中で消化され、跡形もなく消えてしまう。

すなわち、ＡＩＭは健気にもデブリの目印となり、自分を犠牲にして貪食細胞にデブリを食べさせることによって、尿細管の詰まりを解消していた。

デブリを掃除した貪食細胞は、腎臓の外から来たわけではない。尿細管壁上に生き残っていた上皮細胞が、貪食細胞に変身するのだ。普段は物を食べることはなく、尿細管の内腔(ないくう)壁面を形成して糖やミネラルの再吸収を行っている上皮細胞が、急性腎障害という非常時には、貪食細胞に変身し、詰まったデブリを取り除く役割を果たすようになる。

デブリを食べた貪食細胞は、その後上皮細胞に戻り、さらに何度も分裂し、尿細管を速やかに再生してゆく。消化したデブリを栄養源として、盛んに分裂するようになったのかもしれない。普通のマウスやＡＩＭを注射したノックアウトマウスでは、急性腎障害を発症してから7日目になるとデブリはすっかり片づけられ、尿細管はきれいに再生していた。

救命救急科で研修医として働いていたとき、急性腎障害を発症した患者さんの中に、自然に回復する人としない人がいて、その分かれ目がなんなのかわからなかったが、そこにはこのようなＡＩＭのはたらきがあったのかもしれない。

こうして遺伝子改変マウスを使った実験で、ＡＩＭが急性腎障害の治療に役立つことがわかった。

それと同時に、もう一つの大きな成果が得られた。

ＡＩＭの持つ「体から出たゴミの掃除」という根本的な機能が自分の中ではっきりと見えたことである。すなわち、肥満も脂肪肝も肝臓癌も、種類は違ってもすべて「体から出たゴミ」が溜まって起こるもので、ＡＩＭによってそれらのゴミを片づけることで、病気を抑えていたのだ。

ゴミも掃除もいろいろだが、メカニズムは同じ

今回の結果をもとに、これまで研究してきた病気でのＡＩＭの治療効果を振り返ってみると、「ゴミ」の種類はさまざまで、それを「食べて掃除」させる手段にもある程度バラエティがあった。

肥満では、脂肪細胞の中に溜まった過剰な脂肪がゴミで、脂肪を「いったん溶かして分解し」、「細胞の外に出して取り除く」というやり方だった。

肝臓癌では、癌細胞が掃除すべきゴミだが、ＡＩＭはまず癌細胞に貼りついて免疫

反応を引き起こすタンパク質「補体」を活性化させて癌細胞を殺し、貪食細胞によって癌細胞の死骸を食べさせて掃除するというプロセスを経ていた。

そして腎臓病の場合は、ゴミは死んだ細胞で、ＡＩＭはそれに貼りついて目印となり、貪食細胞に食べさせて掃除していた。

いずれも、「ＡＩＭがゴミに特異的にくっつき、それを貪食細胞に効率よく食べさせて掃除させる」という共通したメカニズムを持っていた。

一見、まったく違う病気に見えても、「自分の体から出るゴミが溜まる」という共通のメカニズムがあり、ＡＩＭはそこに効いていたわけだ。

もし、また「去年は癌だったのに、今年は腎臓ですか」と皮肉を言われたら、「ええ、根底ではどちらも同じメカニズムを持った病気ですから」と、さりげなく言い返してみたい。残念ながら、そのようなチャンスはいまだにめぐってきてはいないが……。

二つの意味で重要だったこの腎臓病の研究成果は、２０１６年に『ネイチャー・メディシン（Nature Medicine）』に論文を発表し、新聞などでも大きく取り上げてもらえた。

こうした原理がわかってくると、この病気にも、あの治せなかった病気にも、ＡＩ

Mが効くに違いない、と予想できるようになる。

この後、名古屋大との共同研究によって進行性の腹膜炎に対する治療効果について明らかにし、2017年に『サイエンティフィック・リポーツ（Scientific Reports）』で論文を発表した。

進行性の腹膜炎も、腎臓病の合併症としてよく起きる病気だった。

腎機能が著しく低下すると、「人工透析」で血液から老廃物や余分な水分を排出しなければならなくなる。

人工透析には「血液透析」と「腹膜透析」の2種類があるが、このうちの腹膜透析を行う患者さんは、透析の機械につなぐ太いチューブを腹壁に穴を開けておなかの中に差し込む。このときどうしても腹膜を傷つけてしまい、そこから炎症が起こったり感染が生じたりするが、患者さんによっては、その炎症が長引いて慢性の腹膜炎を発症することがある。

病理学的にみると、腹膜の細胞が壊死し、その死骸であるデブリが蓄積して炎症が持続しているわけで、まさに急性腎障害と似たような状態であった。しかも腎障害と同様に、これまで何が原因で、一部の患者さんでは透析チューブを入れると腹膜炎が起きるのか、チューブを入れても腹膜炎を起こさない患者さんとは何が違うのかが、明らかでなかった。

そこで、腹膜炎を起こした患者さんと起こさなかった患者さんの血中のＡＩＭ値を調べると、起こした患者さんでは有意にＡＩＭ値が低いことがわかった。そして動物実験では、普通のマウスとＡＩＭを持たないノックアウトマウスで人工的に腹膜炎を起こすと、ノックアウトマウスでは腹膜のデブリがなくならず、腹膜炎も軽減しないが、ＡＩＭを持っている普通のマウスのデブリは掃除され、腹膜炎は治まっていくことがわかった。

また、ノックアウトマウスにＡＩＭを投与すると、腎障害と同じように腹膜炎を治療することができた。

したがって、腹膜炎を起こす患者さんは、「体内のＡＩＭが足りていなかったのだろう」と予想される。腹膜透析を行う前の事前検査で、血中のＡＩＭ値を測定して値が低かった場合、チューブ挿入とともにＡＩＭを投与しておけば、腹膜炎の発症を予防できる可能性がある。

いま、私の研究室では、脳の病気を含め、さらに広くさまざまな病気で、ＡＩＭの効果を確認しつつある。それぞれの病気の原因となるゴミにＡＩＭがくっつくことで掃除を行い、その病気を治療する。

すなわち、ＡＩＭタンパク質を用意しておけば、たくさんの〈治せない病気〉を治せる可能性が出てきたのだ。１種類の薬（ＡＩＭ）で多くの病気が治せるのならば、それぞれの病気にいちいち違った薬を一から作る必要がないのだから、コストパフォーマンスは非常によい。

これは、「一つの薬でさまざまな病気が治療できるはずがない」というＡＩＭ研究への批判に対するアンチテーゼでもある。

〝空母〟に乗ったＡＩＭ

また、急性腎障害に対するＡＩＭの効果の研究の副産物として、とてもおもしろい事実を発見した。

まず、ＡＩＭは血液中に単独で存在しているわけではなく、「ＩｇＭ」という抗体の一種が５つ組み合わさってできている「五量体」とつねに結合していることだ。

ＡＩＭ自体は小さなタンパク質であるが、ＩｇＭ五量体と結合すると、全体がとても巨大なタンパク質の複合体になる。そのため、血液の中にたくさんあっても、腎臓の糸球体濾過膜を越えて尿中に出て排泄(はいせつ)されてしまうことはない。

そうした形でＡＩＭは血液の中に１㎖あたり５μg(マイクログラム)（１μgは１ｇの１００万分の１）という、血中のタンパク質としてはとても高い濃度でストックされている。

ただそれでは、糸球体濾過膜を越えて尿中に出てこられないから、尿の通り道に当

IgM五量体に結合するAIM

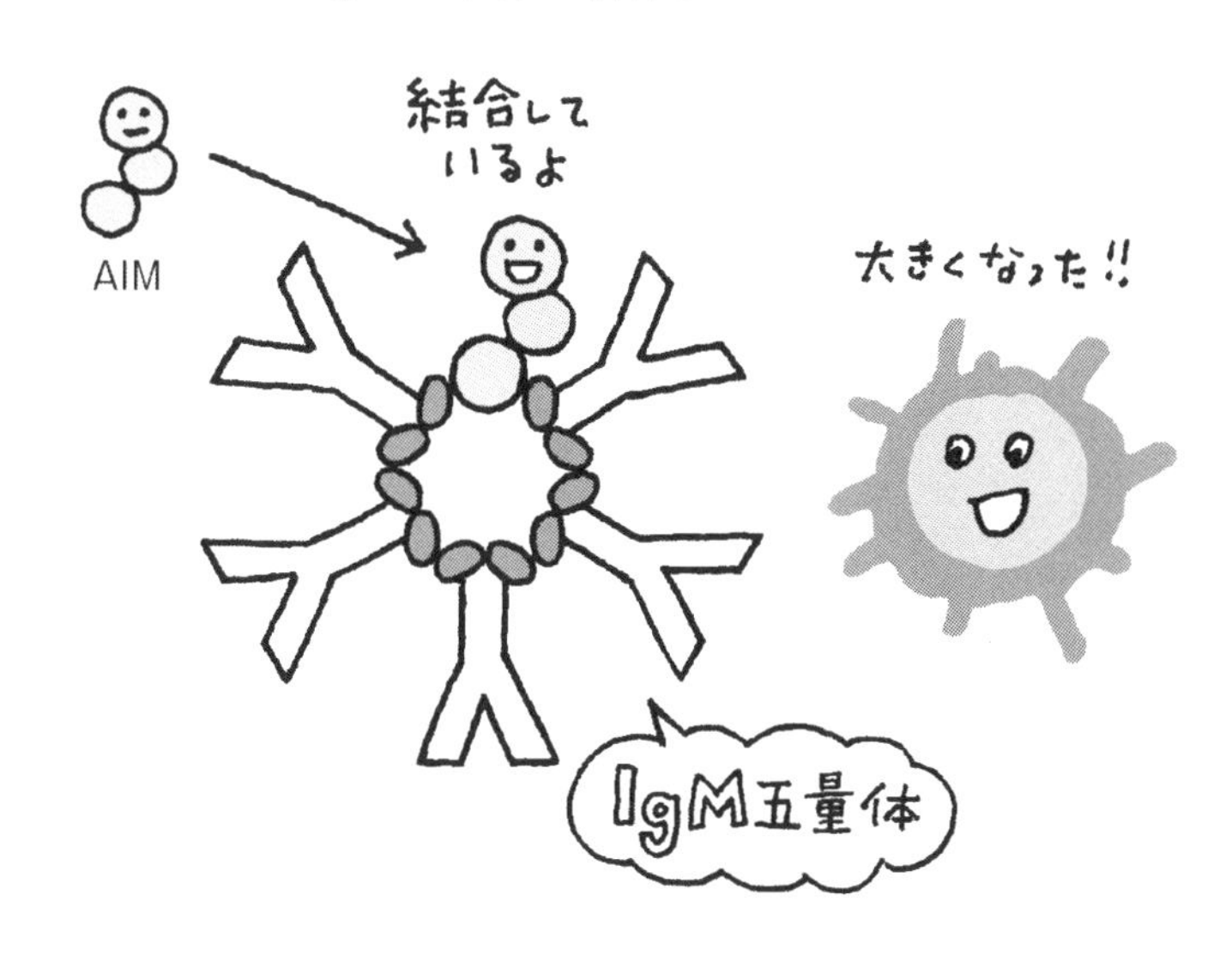

たる尿細管に溜まったデブリに到達することもできない。

しかしいろいろ実験してみると、急性腎障害が発症してすぐに、血中で多くのＡＩＭがＩgＭ五量体から外れることがわかった。

五量体を離れてフリーとなったＡＩＭは、そのサイズの小ささから容易に腎臓の糸球体濾過膜を越えて進出し、尿細管に詰まっているデブリに到達する。そしてデブリにくっついたＡＩＭは、貪食細胞を呼び寄せてデブリを食べさせ、尿細管を掃除する。

たとえて言えば、健康時（平時）には、「ＡＩＭという〝戦闘機〟」が「ＩｇＭという巨大な〝航空母艦〟」に乗って血液の中を巡回している。しかし、いざ急性腎障害が発症して有事になると、ＡＩＭはＩｇＭからスクランブル（緊急発進）し、攻撃対象のデブリの掃除に向かうというわけだ。

なんとよくできた仕組みではないか。

ちなみに、いったん出撃したＡＩＭは二度と帰還することはない。ゴミにくっついたＡＩＭは、ゴミと一緒に貪食細胞に食べられて消化・分解されてしまうからだ。

しかし、ＡＩＭという戦闘機は次々と体の中で作り続けられ、格納庫が空になった航空母艦には、すぐ新しいＡＩＭが補給され、次の出撃に備えるのである。

ただ、どうやってＡＩＭが急性腎障害の発生を察知してＩｇＭから外れるのかは、まだ解明できていない。そこは、これからの課題である。

戦闘機（AIM）が空母（IgM）に乗って巡回し、
有事に緊急発進して敵（体の中のゴミ）を攻撃（除去）する

細胞の分化の過程と人間の成長の過程は似ている

医学を研究していると、社会や歴史の中で私たち人間が行っているようなことが、細胞やタンパク質、さらにもっと小さい分子の世界でも行われているのを発見することがある。

健康なときはＩｇＭ五量体に格納されているＡＩＭが、病気になると出撃するといった関係が、平時と有事の戦闘機と航空母艦の関係にそっくりなのはまさにそれだ。ＡＩＭとは関係ないが、「細胞の機能分化」などもその一つの例だろう。

私たちの体は、いろいろな専門的なはたらきを持った、非常にたくさんの細胞によって形成されている。

しかしもともとは1個の受精卵から始まっている。それが二つに分かれ4つに分かれを繰り返し、「万能細胞」と呼ばれるＥＳ細胞（胚性幹細胞）の集まりとなる。

この時点までは、各細胞は将来、神経細胞にも胃の粘膜細胞にも血液細胞にもなれる。つまり、何者にでもなれる無限の可能性を持っている（それをもって「万能細胞」と言う）。しかし可能性は無限だが、その時点では何も専門的な機能を持っておらず、役には立たない細胞なのである（だから本当は「万能細胞」という言い方はおかしい）。

その後、一個一個の細胞が、異なる臓器を形作る〝専門的な〟細胞へと成熟していく。これを「分化」と言う。

もし血液の細胞に分化するといったん決めたら、そこから方向転換して神経細胞になることはできない。

「血液の細胞」と言っても、白血球や赤血球、血小板といろいろあるが、何段階かの分化を経て、例えば白血球の一つであるTリンパ球といった完全に機能的・専門的な細胞にまで成熟する。そうなると、ついに一人前の免疫細胞として、体の最前線で細菌やウイルスと戦うことができるようになる。

人間もまた同じではないか。

高校生くらいまでは、将来なんにでもなれる可能性に満ちている。しかし、可能性

細胞の分化は人間社会に似ている

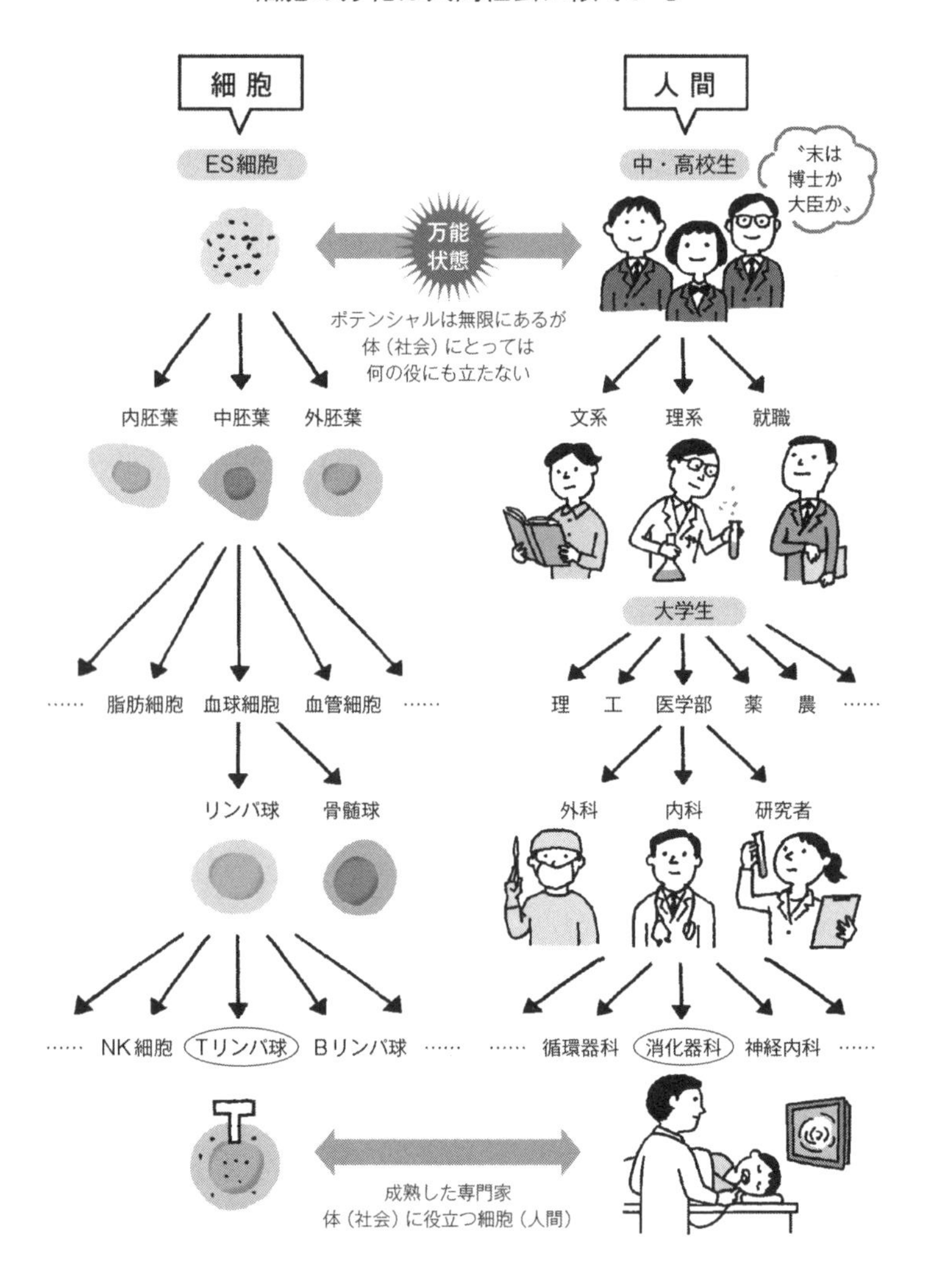

はあるが、未熟で社会の役には立っていない。その後、大学生、社会人となっていくにつれ、文系と理系に分かれ、どこかの企業に就職し、その組織の中でも○○部のＸＸ課に配属され、というようにどんどん専門的になっていく。そうして専門的になるに従って、「将来なんにでもなれる」という可能性は失っていくが、社会の役に立つ人間になっていく。

細胞の分化と同じことを、私たちは無意識に人間社会で行っているのである。大変、おもしろい現象だと思う。

だから、例えば、何かの病気の研究をしていて、ある現象の仕組みがわからなくて悩んでいるときに、ふと人間社会や人間の歴史に目を向けると、そこにヒントが転がっていることがある。

精密な設計図を引かれた体
——正六角形だった五量体

ＡＩＭに話を戻すと、ＡＩＭが「ＩｇＭ五量体」という航空母艦に乗っていて、腎障害が起こるとスクランブルするということはわかったのだが、いったい、1隻の母艦にＡＩＭが何機乗っているのか、どのようにＩｇＭと結合しているのかはわからなかった。

それが明らかになったのは、それから2年後の２０１８年である。

実は、そのときまでＡＩＭの研究には、いわゆる「生化学的な手法」を用いていた。ＡＩＭやＩｇＭをゲルの中で分離させ、それを染めて可視化する……という複雑な実験手法なのだが、それではやはり限界があった。

ところが、科学技術の急速な進歩のおかげで、最新の電子顕微鏡を用いると、たった10㎚（ナノメートル）（1㎚は1㎜の10万分の1）程度しかないＡＩＭタンパク質の一個一個まで、直接はっきり見ることができるようになった。

さいわい、東大内にその技術の専門家がいたので共同研究をお願いし、ＡＩＭを結合したＩｇＭ五量体の写真を撮ることができた。

画像を見てまず驚いたのは、ＩｇＭ五量体の形である。

同じＩｇＭが5個組み合わさっているのだから、普通に考えれば正五角形で、ちょうど桜の花びらのような形をしていると予想される。実際、過去60年間くらいそのように信じられ、免疫学の教科書にもそう記載されていた。

しかし、実物はそうでなく、あたかも6つのＩｇＭで正六角形の六量体をまず作り、そこから1個のＩｇＭを引き抜き、スペースを開けたような形をしていることが明らかになった。そして、その空いたスペースに、ＡＩＭが1個嵌（は）まり込んでいたのだ。

ＡＩＭが出撃して抜け出た後の状態でも、ＩｇＭ五量体は同じ形をしているので、ＡＩＭが六量体から1個のＩｇＭを外して自分が入り込んだわけではない。そうではなくて、ちょうどＡＩＭが嵌まり込むスペースを、わざわざＩｇＭ側が作って、ＡＩＭが来るのを待っていたとしか考えられない。

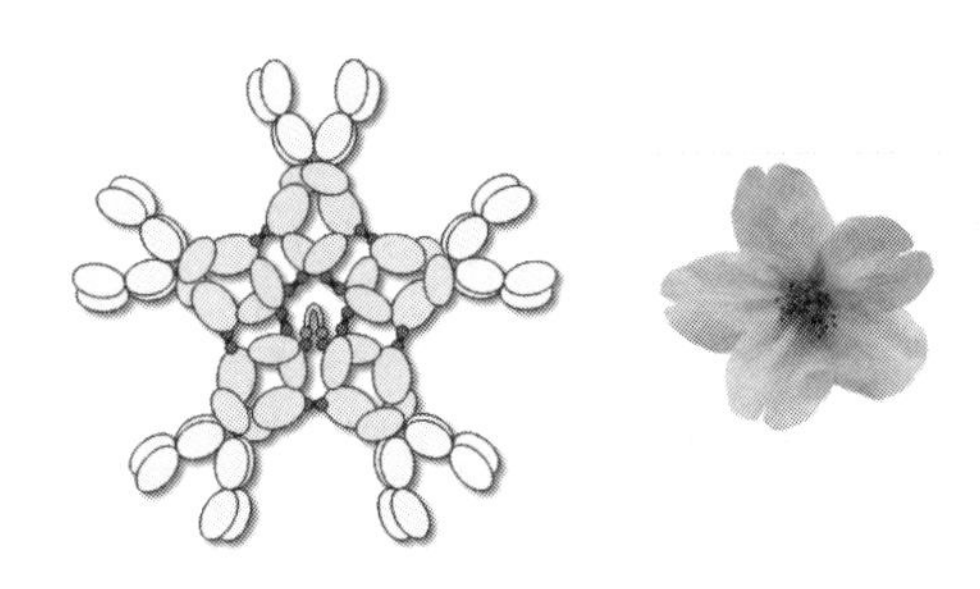

従来信じられていたIgM五量体の形態
（=桜の花に似た五角形）

AIMが結合していないIgM五量体　AIMが結合しているIgM五量体

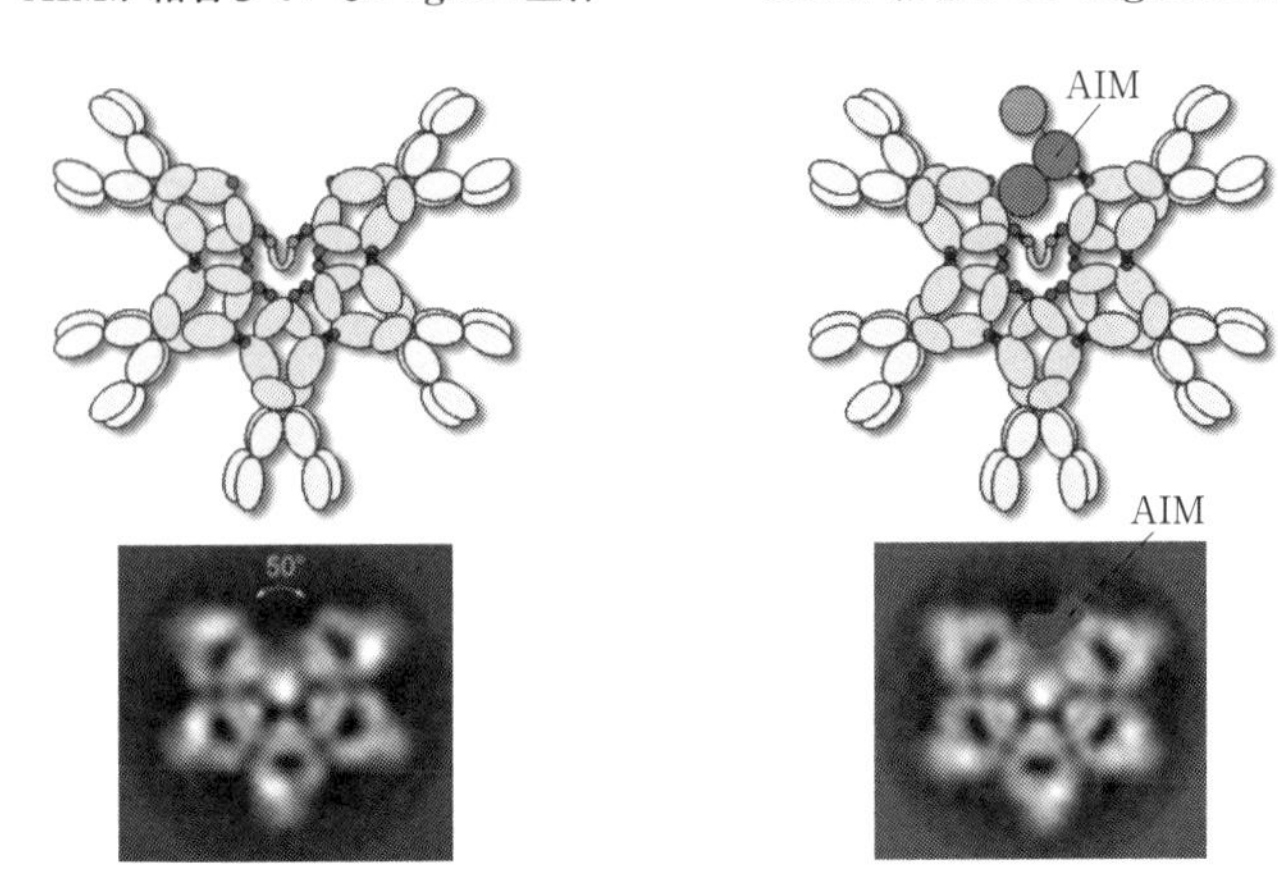

IgM五量体の本当の姿とAIMの結合様式
（*Science Advances*, 10 Oct 2018:Vol.4, No.10より改変転載）

さらに驚いたことに、ＡＩＭがゴミとくっつくときに結合する部分が、五量体のスペースに嵌まる際には、ＩｇＭとの結合に使われていた。だからＩｇＭと結合しているＡＩＭは、その状態からゴミにくっつくことができない。病気になると、ＩｇＭから外れてフリーになるのは、そのような理由があったのだ。これらの発見は、２０１８年に『サイエンス・アドバンシズ（Science Advances）』で発表した。

このような発見をすると、体の仕組みというのは本当によくできていて、心から感動する。それに気づいたときは、なんとも研究者冥利に尽きる瞬間である。

こんな仕組みが、単に進化論に乗っかってでき上がったものとは到底信じられない。私は特に宗教を強く信じているわけではないが、こういうときには、神様というものがいて、体の仕組みはその神様が設計図を引いて作ったとしか思えない。

そうだとすると、神様とは相当マメなのだろう。こんな細かいところまで、手の込んだ設計図を引くのだから……。

第6章

ネコの腎臓病とAIM

さまざまな動物のＡＩＭを測定

前章までで述べた「体から出たゴミの掃除」というＡＩＭの機能が判明する過程で、その後の研究に大きな影響を及ぼす出来事があった。そして、この出来事が私をネコの腎臓病を治療する薬剤の開発へと導くことになった。

私がちょうどＡＩＭの肥満抑制効果を『セル・メタボリズム』に発表した２０１０年の初めころ、ふと、「ヒトやマウス以外の動物のＡＩＭはどうなっているのだろう」と疑問に思った。というのも、ＡＩＭに関する講演をすると、よくそういう質問を受けていたからだ。

そこで、新井郷子准教授の同期（第3章で紹介したように新井さんは農学部出身だ）の、東大農学部獣医学科の玉原智史講師（当時）にお願いをして、イヌやネコを含むいくつかの血液をいただいた。

それらから血清を分離し、「ウエスタン・ブロット法」という、この類いの解析を行うための一般的な方法で調べることにした。

血液中の成分、例えばなんらかのホルモンなどを測定するときは、そのホルモンを特異的に認識する抗体を〝人工的に〟作り、それを用いて濃度を測定する仕組みを作製する。「人工的に」というのは、そのホルモンをウサギやマウスなど血中濃度を測定したい動物に注射して、それらの動物の中でそのホルモンに対する抗体を作らせるからだ。

さらに、その抗体を精製・単離すると、ようやく検査に用いる抗体を得ることができるが、その検査方法の一つがウエスタン・ブロット法だった。

ＡＩＭの場合、「ヒトＡＩＭ」や「マウスＡＩＭ」をどちらも認識する抗体をすでに作ってあったので、「ほかの動物のＡＩＭも検出できるだろう」と考えて実験した。

この実験では、ある試薬と反応させることで発光する化学物質をＡＩＭの抗体に結合させ、それを専用の機械で読み取って、どの程度発光しているかを確認する。血液中にＡＩＭがたくさんあると、抗体がたくさんくっつくので強く発光し、逆にＡＩＭがなければ発光しない。

ところが結果は、イヌではヒトやマウスと同じように血液中のＡＩＭがしっかり光って見えたのに、ネコだけはまったく光らなかった。

ほかの動物のＡＩＭがこの抗体で光っているのだから、ネコで光っていないのは、単純に「ネコはＡＩＭを持っていないからだろう」と考えた。なので、このとき私は、「へえ、ネコにはＡＩＭはないんだ」というくらいの印象しか持たなかった。

私はやはりヒトの医者であるし、正直に言えば、この結果が何か大きなことにつながるという気もしなかった。

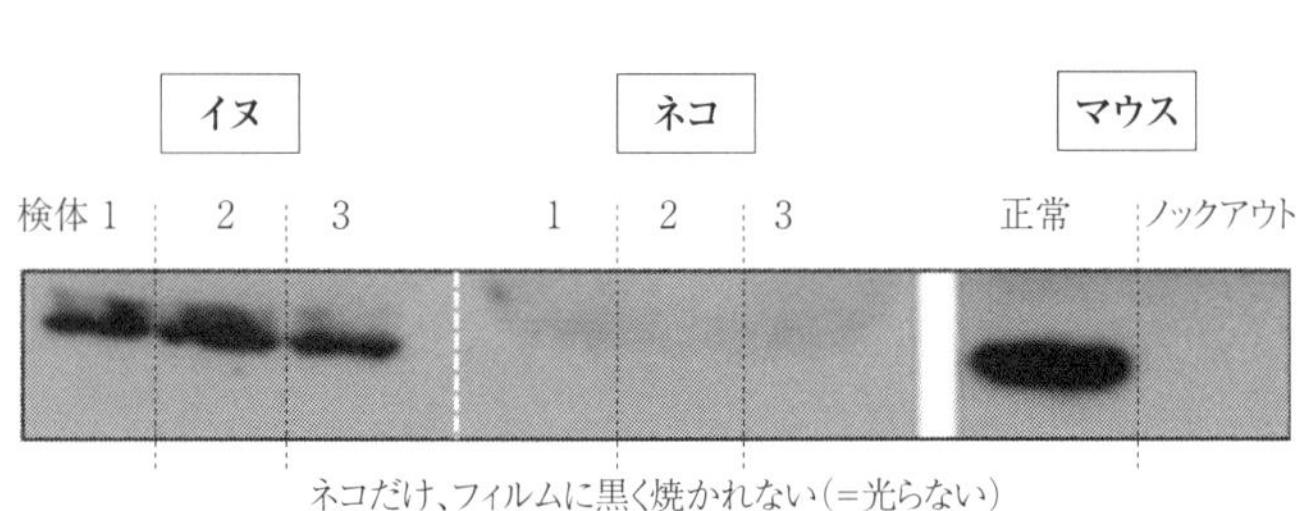

血中AIMのウエスタン・ブロッティング

だから、実験の結果を玉原氏に伝えはしたが、それ以上突っ込んでネコについて研究をする、ということにもならず、論文として発表することもないまま放置していた。

二人の獣医師との出会い

それから3年近くもたった２０１３年4月、私は、六本木ヒルズで定期的に行われている一般の方々向けのセミナーシリーズに招待され、ＡＩＭについて講演を行った。

そのときの内容は、動脈硬化や肥満、脂肪肝、そして一番新しい肝臓癌(がん)など、それまでに結果が出ていたＡＩＭの治療効果についてであり、全体的に「生活習慣病」のくくりで話をまとめた。「ＡＩＭは、『現代病』とも言うべき生活習慣病に関連するさまざまな病気に対して治療効果がある要のタンパク質だ」という内容である。

ただ、講演の最後のほうでふと思い出し、「ネコにはＡＩＭがないらしい」という前述の実験結果についてひと言だけふれた。一般向けの講演ということもあり、多少ウケをねらう気持ちがあったのかもしれないが、結果が出てから3年もたっているのに、なぜそのときネコのＡＩＭのことを思い出したのかは定かでない。

生活習慣病は、当時すでに大きな社会問題となっていて、講演を聴いてくれた人々にとっても身近な話題だった。しかも、それに関連するたくさんの病気がＡＩＭで治療できるかもしれないという可能性は、一般の方々にもインパクトが大きかったらしく、1時間半の講演の後、たくさんの方が質問するために私の前に並んだ。

その列の最後に2名の男性がいた。おそらく長時間並んでいただいたことと思う。ほかの方々と同じように生活習慣病についての質問だろうと考えていたが、開口一番、「ネコにはＡＩＭはないのですか？」と質問され、少々面食らった。

この二人は、東京・世田谷の成城で動物病院を開業しておられる小林元郎先生と同病院獣医師の廣瀬友亮先生であった。

小林先生たちはたまたま私のセミナーに参加しておられたそうで、最後の最後に私がひと言述べた、ネコのＡＩＭについてのコメントに驚き、「質問せずにはいられな

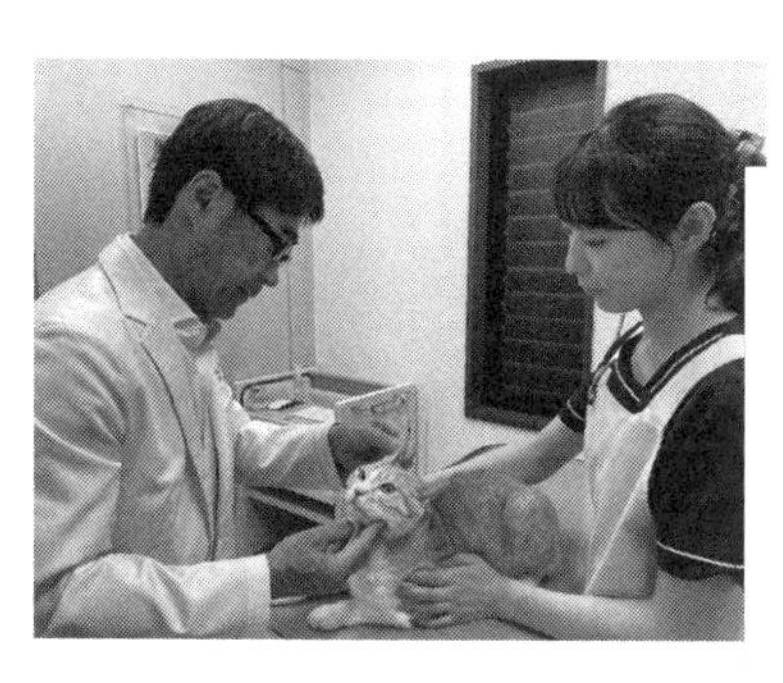

成城で動物病院を開業している小林元郎先生

かった」とのことだった。そして、小林先生は、「いまはペットブームで過保護の傾向があり、ネコやイヌの生活習慣病は獣医業界でも大きな問題になっているのです」と言われた。

「なるほど、そう考えると、AIMを持たないノックアウトマウスは太りやすいし、同じようにAIMを持たないネコがなんとなく小太りなのと似ているな」と思い、そう答えた。

しかし、その後小林先生はつけ加え程度に、「あと、ネコはなぜかものすごく腎臓病が多いのですよ。ほとんどのネコは腎臓病で亡くなるのです。その理由がわからないし、治療法もないのです」とおっしゃったことに、私は大変驚いた。

　なぜなら、そのころちょうどＡＩＭと腎臓病のかかわりについて本格的な研究を始めたところで、ＡＩＭを持たないノックアウトマウスでは腎臓病が起きると回復せず、すべてのノックアウトマウスが重症化するという実験結果を得ていたからだった。

　しかしその実験は、ＡＩＭを持たないように、遺伝子組み換えの技術で人工的に作製したノックアウトマウスを用い、これもまた人工的に無理やり腎臓病を起こさせて行うものだ。だから、かなり無理のある、ある意味、生理的とは言い難い研究法でしかないのである。

　ところが、ＡＩＭがない天然の動物（＝ネコ）が実際に存在していて、それらが普通に生活していると全員が自然に腎臓病を発症し重症化していくのだという。その事実は、ＡＩＭが腎臓病の悪化を抑えるという仮説を強力にサポートし、ＡＩＭによって腎臓病が治療できる可能性を示唆していた。

　小林先生との短い問答によって、「〈治せない病気〉のリストの筆頭にある腎臓病をＡＩＭで治せるかもしれない」という確信が深まり、私は内心とても興奮していた。

小林先生はさらに、「ネコの腎臓病の治療は、獣医師にとっての最大の課題の一つなのです」ともおっしゃった。

獣医学はもともと、牛馬を相手にする学問として発達したが、いまや巷の動物病院はすべてペットとして飼われている動物の病気を治すのが仕事になっている。

現在、獣医師業界の最大の謎の一つが、「なぜネコは突出して腎不全になりやすいのか」ということだと聞き、完全に私の医学研究へのモチベーションとシンクロした。

ネコの腎臓病もヒトの腎臓病も〈治せない病気〉だったが、少なくともＡＩＭを持たないネコの腎臓病はＡＩＭで治せるかもしれない。

私の中で俄然やる気が起こり、小林先生に「同じく、医者にとってもヒトの腎臓病の治療は最大の課題の一つです」と答えた。その場で、二人の獣医師と意気投合し、「ネコのＡＩＭの研究を徹底的にやってみましょう」ということになった。

小林先生は、「獣医として協力できることはなんでもする」と約束してくださった。

この小林先生との短い問答が、まさに、ネコ薬開発のスタートだったのだ。

それにしても数年前にふと思いついて行った実験がなければ、私は講演中にネコの

ＡＩＭについてコメントすることもなかっただろうし、小林先生たちも特に質問に来られることもなくお帰りになっていたことだろう。本当に人との出会いの偶然とは不思議なものである。

ネコのＡＩＭの秘密を解明

実はこのセミナーがあった２０１３年４月、私の研究室に杉澤良一君という大学院生が博士課程の研究のために入学してきた。

彼は日本獣医生命科学大学出身で、２０１０年に『セル・メタボリズム』に掲載された「脂肪細胞の中に溜(た)まった余分な脂肪を取り除く」というＡＩＭのはたらきに関する論文を読んだり、その後に私が出演したテレビ番組を見たりしてＡＩＭに興味を持ったということだった。

ネコの研究を始めようとしたタイミングで、本当に都合よく獣医学科の卒業生が研究室に来てくれたので、すぐに彼を中心に、いくつかの実験を進めた。

すると、驚いたことに、ネコにはＡＩＭがないのではなく、実はしっかりと持っていて、その血中の濃度はむしろヒトやマウスよりも高いことが明らかになった。

しかし、さらに興味深いことに、腎臓病が起きてもネコのＡＩＭはＩｇＭ五量体から離れないことがわかった。

つまり、ネコのＡＩＭは、いざとなっても航空母艦であるＩｇＭから発進できない、〝役に立たない戦闘機〟だったのだ。

ＩｇＭとくっつく部分のアミノ酸の配列が、ヒトやマウスのＡＩＭとは先天的に異なっていて、ＩｇＭから離れにくい形になっていることが、ネコのＡＩＭの遺伝子を解析してわかった。

動物の血液の解析を行った際、実験に用いたＡＩＭに対する抗体がネコのＡＩＭだけに反応しなかったのは、ネコのＡＩＭにはほかの動物とは違う特有のアミノ酸配列があったからなのである。

といっても、ネコはＡＩＭを持っているわけだから、抗体の種類によってはネコの

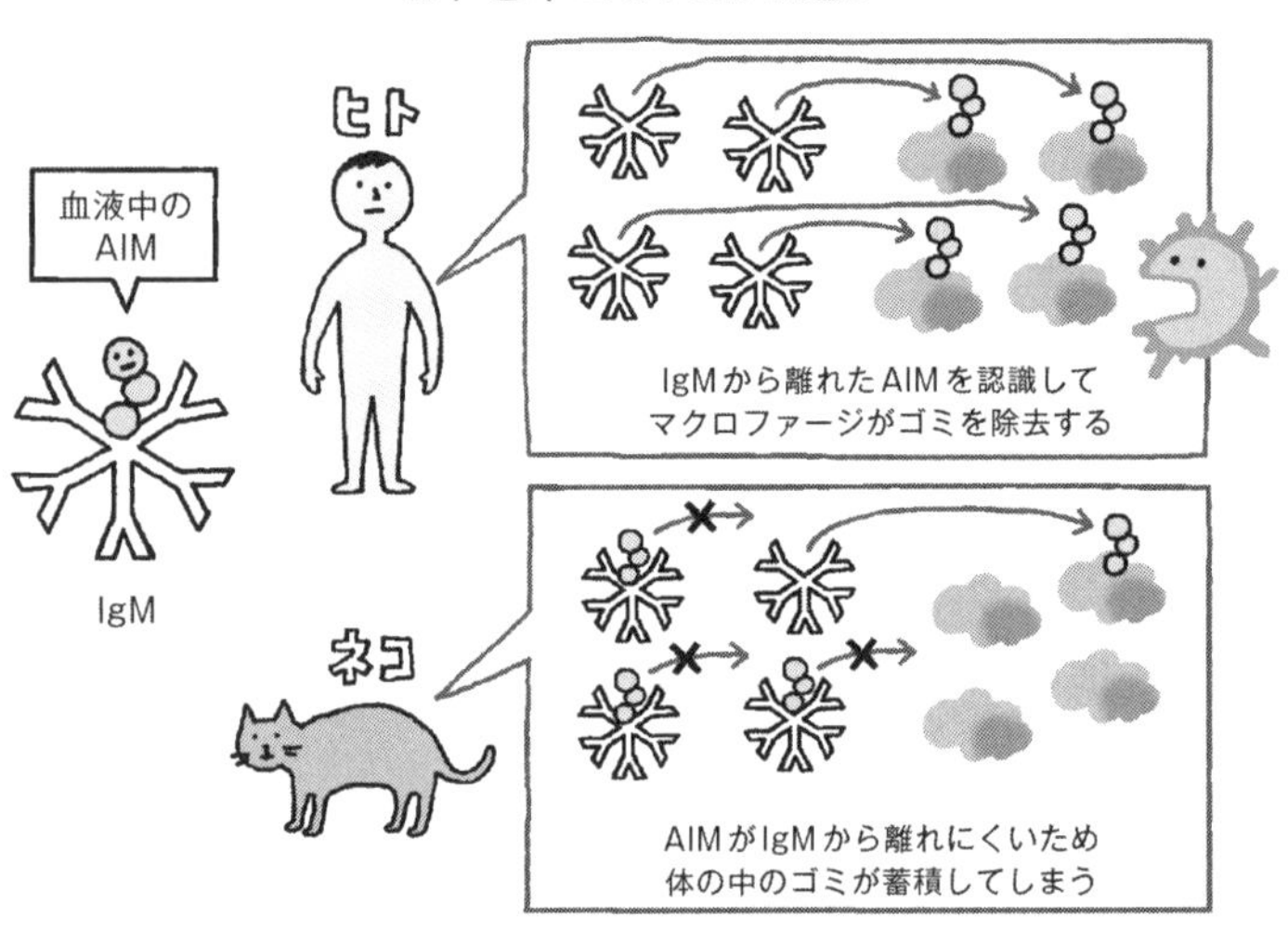

血液に反応したかもしれない。もし、そうであったら、「ネコもイヌも人間と同じようにＡＩＭを持っているんだ」と考え、動物に対する私の関心はそこで終わっていただろう。そして、小林先生との関係も、ネコの腎不全の原因がＡＩＭがはたらかないことにあるという発見もなかったのだ。そう考えると、あまりの幸運に鳥肌が立つ。

その後、杉澤君とネコのＡＩＭ遺伝子を単離し、さらに、遺伝子組み換えによって、ネコのＡＩＭを持ったマウス（ＡＩＭネコ化マウス）を作製した。

このマウスは、ほかの遺伝子はすべてマウスのものだが、ＡＩＭだけネコ型になっている。ＡＩＭがネコ型だからといって、「にゃあ」と鳴くわけではなく見た目は普通のマウスなのだが、このマウスに腎臓病を発症させると、予想どおりＡＩＭはIgM五量体から離れなかった。

したがって、尿細管に詰まっているデブリを掃除することができず、腎臓病は悪化する一方で回復することはない。

これこそが、すべてのネコが重篤な腎臓病になってしまう原因であった。

ネコは、せっかくＡＩＭという戦闘機をたくさん持っていながら、母艦から発進することができないために、デブリという敵を攻撃できず、腎臓はどんどん悪くなるのである。

そして、この「ＡＩＭネコ化マウス」に、ちゃんとはたらくマウスのＡＩＭを注射すると、腎臓病の悪化を抑えて回復させることができた。

これは、ネコの腎臓病をマウスのＡＩＭで治療できることを意味する。

これらの結果は2016年、杉澤君を筆頭著者に、『サイエンティフィック・リポーツ』に発表し、大きな話題になった。ちょうど第5章で述べたヒトの腎臓病の研究成果を『ネイチャー・メディシン』に論文発表した直後だった。

余談であるが、杉澤君を筆頭著者としたネコのAIMに関する論文はインパクトが非常に大きいと予想していたので、当初は『ネイチャー』に投稿した。ところが、「ネコのことだから一般性がない」という評価で、掲載してもらえなかった。

しかし、ネイチャーの担当編集者から返ってきたコメントがおもしろかった。「個人的には自分もネコを腎臓病で亡くしたばかりで、非常に興味のある重要な論文だと思う。ぜひ、AIMを薬にしてほしい」というものであった。「だったら論文を載せてくれてもいいのに…」と思ったものだが、それだけネコの腎臓病治療に対するニーズを示す出来事でもあった。

ネコ科動物の不思議

そしてさらに調べていくと、トラやライオン、ヒョウ、チーターなどネコ科の動物のほとんどが、ネコ型のＡＩＭを持っており、やはり彼らも腎臓病を多発し、それが原因で亡くなる場合が多いということがわかった。

そして、ネコ科の動物の腎臓病治療にＡＩＭが効果を発揮する可能性は、動物にかかわる仕事をしている人たちの強い関心を引いた。

２０１７年６月には和歌山県の白浜にあるアドベンチャーワールドの社長さんと獣医師さんが研究室を訪問してくださり、動物園にとってネコ科動物の腎臓病が大きな課題であることを知った。

ネコ科動物の中でも、チーターは特に寿命が短く、野生も動物園にいる個体も８年程度しか生きないのだという。しかも、死因は１００％腎不全だということだった。

すべてのチーターが若くして死んでしまうので、動物園で繁殖させることは難しいのだが、絶滅のおそれのある野生動植物の取り引きを禁じるワシントン条約の発効で、チーターを日本に輸入することはできなくなっている。「このままでは、日本の動物園でチーターを見ることができなくなる」という強い危機感が、動物園関係者の間にあることを、お二人からうかがった。

どうしてネコ科に限ってＡＩＭが正常な形に進化しなかったのだろうか？　進化論的に考えれば、不可解なことである。

ネコ科の動物にとっては、腎臓病にならないことを犠牲にしても、ＡＩＭがはたらかないようにしておくことに、何か有利なことがあったのだろうか。

いまだにこの疑問は解けていないが、今後もしかしたら、ここからＡＩＭにかかわる重大な発見につながる何かがまた一つ見つかるかもしれない。

ネコ科の動物の多くはAIMが機能しない

第7章

腎臓病のネコにAIMを投与

腎不全末期のネコに驚きの効果

話を2013年に戻すと、六本木ヒルズのセミナーで小林先生と初めてお話をしてからほどなくして、日本獣医生命科学大学の新井敏郎教授をご紹介いただいた。新井先生は、動物の糖尿病の研究を専門とされていたが、AIMとネコの腎臓病の関連については大きな興味を持ってくださり、いろいろと一緒に実験をすることになった。

私の研究室には杉澤君という獣医学を修めた学生はいたが、医学部でネコの研究をするには、難しいことがたくさんあった。新井先生には、ネコの血液や腎臓の組織切片などをご提供いただいただけでなく、ネコの腎臓病のことや獣医学的な知識をたくさん教えていただいた。

杉澤君が筆頭著者となった『サイエンティフィック・リポーツ』の論文は、新井先生にも共著者になっていただいている。

この論文は、ネコＡＩＭの遺伝子の単離・解析や、ＡＩＭをネコ型に変えたネコ化マウスの作製などの成果をまとめたが、その研究を進める過程で、新井先生から、「とにかく一度、腎不全のネコにＡＩＭを投与してみませんか」という提案があった。

もちろんこれは治験などではなく、あくまで学術的な投与実験で、ネコのオーナーさんに十分な説明をしたうえで許可をいただいて行うものである。

私たちはこれまで、動物実験はすべてマウスで行っていたので、手もとにはマウスのＡＩＭはたくさんあった。また、新井先生とともにネコのＡＩＭの研究に参加してくださっていた北里大学獣医学部の岩井聡美先生が、急性腎障害を発症したネコにマウスのＡＩＭを投与すると腎障害が軽減することも実証ずみで、ネコにマウスのＡＩＭが効くことはわかっていた。

しかし、それまで自然に慢性腎臓病を発症したネコにＡＩＭを投与したことは一度もなかった。

小林先生と新井先生が腎臓病を患うネコを探してくださった。

そのネコが口絵1ページ目と序章で紹介したキジトラのキジちゃんである。

ＡＩＭの投与量は1日2㎎としたが、これはネコの血液中に存在するＡＩＭの総量が1～3㎎であることから決めた。ネコの血液中にあるＡＩＭはＩｇＭに固着したまま離れないが、これが人間のようにＩｇＭから分離したらどのような効果が現れるのか、この投与によって確認することができる。

その結果、1回目のＡＩＭの注射の後からどんどん状態がよくなり、5回目を打ち終わると元気に歩き回り、自分で食事もとるようになった。腎不全の末期だったキジちゃんにここまで劇的な効果が出たことは信じられなかったが、岡田先生が送ってくれた動画ではたしかに動き回っていた。

末期の腎不全の状態では、腎臓はほぼ完全に死んでいる状態である。死んだ細胞が生き返ることはない。

たしかに、ＡＩＭが、腎臓の中にある死細胞のデブリや炎症性の物質をきれいに掃除すれば、もしかしたらそのうちに、ある程度腎臓の細胞が再生する、という可能性もゼロではないかもしれない。

しかし、キジちゃんの場合、ＡＩＭを打ってすぐに元気になったのだ。

だから、死んだ腎臓が復活したとも考えにくい。実際に、腎機能を表す血液のマーカーであるクレアチニン（Ｃｒｅ）は、ＡＩＭ投与の前後でそれほど変化はなかった。

では何が起こったのだろうか？

可能性としては一つしかない。

腎臓が死んでしまって血液にたくさん溜（た）まった老廃物、すなわち尿毒素がＡＩＭによって掃除されたとしか考えられなかった。

ちょうど、透析をしたのと同じような効果を、ＡＩＭの注射で得たのではないか。

尿毒素は、まさに血液中のゴミなので、ＡＩＭで掃除できてもおかしくない。

ただ、尿毒素には非常にたくさんの種類があり、しかもそれら一つひとつの血液中での増減を網羅的に解析する手段は、残念ながら存在しない。これはヒトでも状況は同じである。

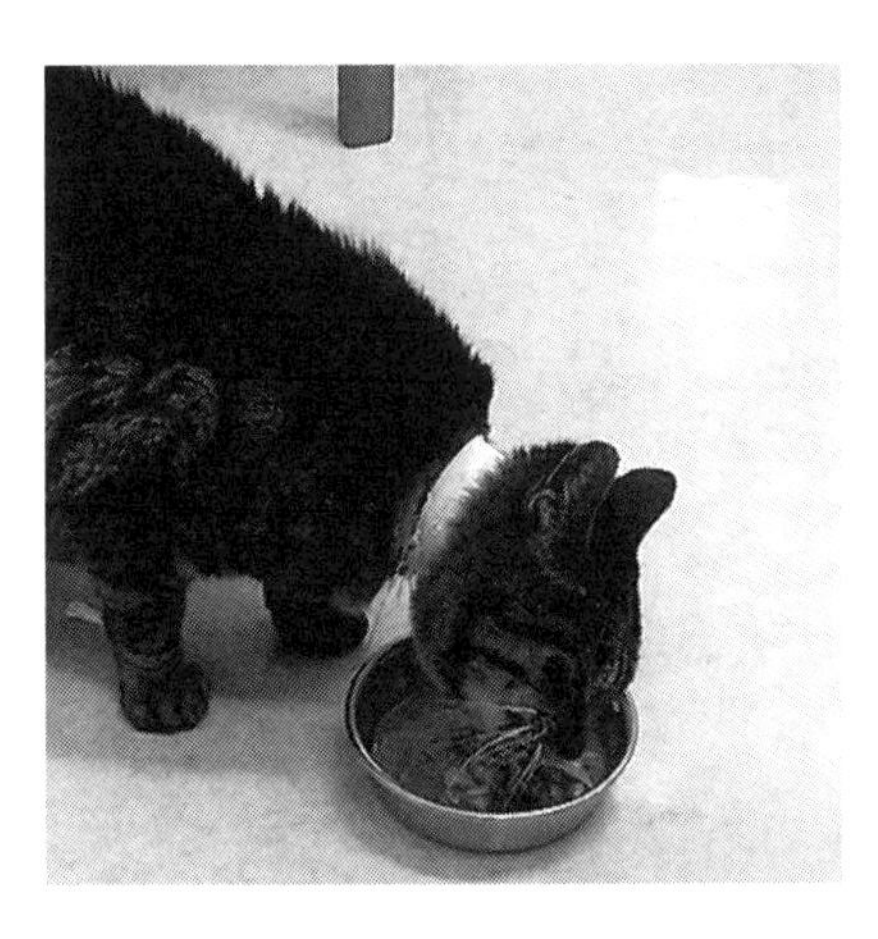

AIM投与後に元気になった末期腎不全のキジちゃん
（写真提供：岡田ゆう紀氏）

だから、キジちゃんにＡＩＭを投与した後、どのような尿毒素が掃除されたかを調べることはできなかった。

一方、血液中の尿毒素は全身に炎症を起こすため、末期腎不全になると血中の炎症マーカーの値が上昇してくる。キジちゃんもＡＩＭを投与する前は、「ＳＡＡ（血清アミロイドＡ）」という全身の炎症を示すマーカー値が著しく上昇していた。

それがＡＩＭを注射したのち、ＳＡＡの値は急激に低下した。これは、間接的にではあるが、「全身の尿毒素が減少したことを示している」と言ってよい。

キジちゃんのような末期の腎不全の患者ネコにＡＩＭを投与すると、尿毒素が減少し、全身状態が顕著に改善する効果があるらしいのだ。

とはいっても、腎臓自体はすでに、ほぼ機能していないのだから、尿毒素はいったんＡＩＭで取り除いても、また徐々に溜まってくるはずだ。これも透析の場合と同じ原理である。

しかしキジちゃんの場合は、ＡＩＭを投与した後、しばらくの間元気であった。そして、再び元気がなくなり、次にＡＩＭを投与したのは１カ月後だった。

ヒトの透析の場合は１週間に数回行わねばならない。それからすると、１カ月というのは驚異的な長さだ。

なぜ、キジちゃんの場合、ＡＩＭの効果がこんなに長続きしたのかは、まだよくわからない。しかし、事実として、その後月単位の間隔（ときには３カ月空いた）でＡＩＭを注射することによって、余命１～２週間と宣告され、目も開けられないほど弱っていたキジちゃんが、それから１年以上も生きていた。

ただ、研究室で培養できるＡＩＭの分量には限りがある。

そのため、しばらくＡＩＭを投与することができないでいたら、残念ながらキジちゃんは、あるとき急激に状態が悪くなって亡くなってしまった。「ずっと定期的にＡＩＭを注射することができていたら…」と、いまでも悔やまれる。

キジちゃんの治療にはＡＩＭを1回当たり2㎎、5回の投与で計10㎎を必要としていたが、大学の研究室で10㎎のＡＩＭを作るのは大変な労力と研究費がかかっていた。さらに、キジちゃん以外のネコにも投与をしていたし、ほかの実験にもたくさんＡＩＭを使うようになっていた。キジちゃんのように状態が急変したネコのために、10㎎のＡＩＭをストックしておくことはできなかったのだ。

キジちゃんのオーナーさんは事情を理解してくださったが、私も小林先生も「なんとかしてＡＩＭをネコの腎臓薬として開発したい」という思いになった。

子猫のときからのＡＩＭ投与で、寿命が倍に延びる可能性が

前述したように、ネコではＡＩＭがＩｇＭから分離しないため、腎臓病になっても尿細管の詰まりが解消されず、１個また１個とネフロンが壊れていく。そしてある程度の数のネフロンが機能しなくなったとき、クレアチニンなどの血中の腎機能マーカーが上昇し始め、「慢性腎臓病（ＣＫＤ）」と診断されるようになる。

その後も尿細管の詰まりによるネフロンの死は続くが、このステージになると、同時に腎臓内で慢性的な炎症状態となり、その炎症自体がさらにネフロンの崩壊を助長し、腎機能は急坂を転がり落ちるように悪化する。

しかし、腎臓は２個あり、よく知られているように１個でも十分腎臓としての機能は保てる。

したがって、両方の腎臓全体の相当の部分がはたらかなくならないかぎり、血液の

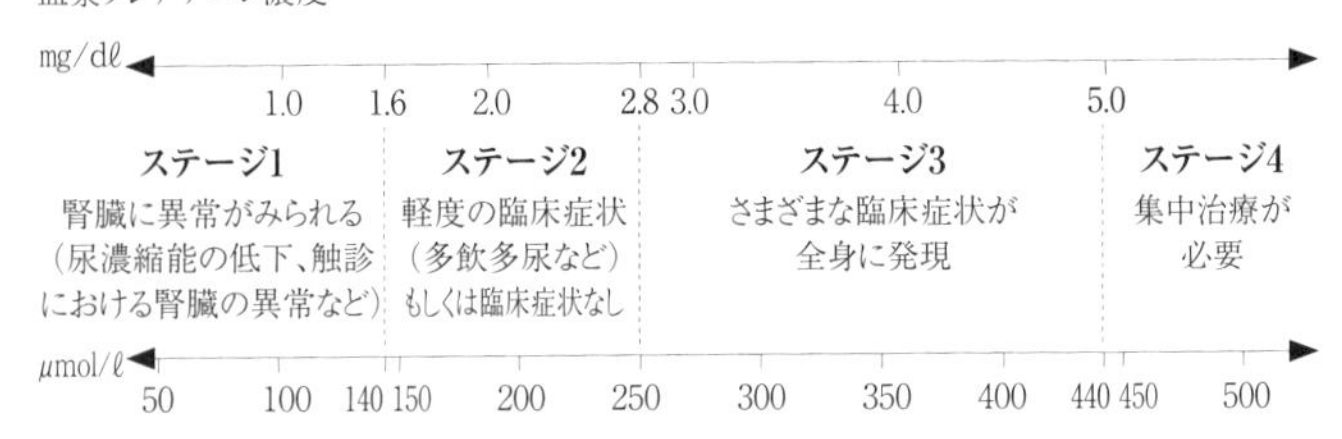

IRISによる腎臓病症状のステージ
（IRIS〔国際獣医腎臓病研究グループ〕のWebを参考にして作成）

老廃物が濾過できなくなって尿毒症に陥ることはない。ネコの場合、平均して10年以上かけて、尿毒症のステージに達する。

このステージは、獣医学では「IRISステージ4」と呼ばれ、食欲の減退、体重減少、貧血、全身性の炎症（SAAなど血中炎症マーカーの上昇）など尿毒症にともなうさまざまな症状が現れ、ネコの全身状態は急激に悪化してしまう。

ステージ4に入ると、通常は数カ月しかもたない。逆に、ステージ3までは、腎臓マーカーは慢性的に上昇を続けるものの、そのカーブはゆるやかであり、ネコの全身症状もほとんど異常が認められない。

ネコは自分の体調を言葉にして伝えることができないから、オーナーさんは自分のネコの腎臓が悪くなっているとは気づかない。そしてステージ4に達し、ネコの体調が急激に悪くなって初めて、あわててネコを連れて獣医師のもとを訪れることが多いのである。

しかし、ここで重要なのは、ネコが腎臓病になってしまう主たる原因が、ＡＩＭが先天的に機能しないという点だ。

すなわち、一種の〝遺伝病〟であると考えて間違いない。

遺伝病である以上、ネコで腎臓が悪くなるのは宿命であり、基本的に必ず全員が悪くなるわけで、尿細管の詰まりによるネフロンの死は、私たちとは違って、生後まもなくから、すべてのネコですでに始まっていると考えられる。

ならば、ＡＩＭの最も効果的な使用法は、生後すぐからＡＩＭを定期的に投与することである。そうしておけば、尿細管の詰まりは定期的に掃除され、ネフロンの破壊も進まず、そもそも腎臓が悪くならないはずだ。

つまり、ＡＩＭを子猫のときから投与すれば、「ネコの寿命はいまの倍の30歳くらいになる」と考えることができる。多くの獣医師の先生方からもそのように言われた。

しかし、このようなＡＩＭの使い方は、ネコにとっては最高の医療であるが、これから薬を作り、「治験」を行い、薬としての承認を得るためには、適当であるとはいえない。

なぜなら、薬の効果を調べる治験では、被験者（この場合は被験ネコ）を2グループに分け、一方のグループにはＡＩＭを投与し、他方にはＡＩＭを投与しないで、腎機能の差を比較しなければならない。

しかし、生後すぐ観察を始めた場合、ＡＩＭを投与していないグループで、血中の腎機能マーカーが上昇して腎臓が悪くなっていると判断できるまで、数年はかかってしまう。それでは、治験を行うのには長すぎる。

いったん承認を受けて薬として使われるようになれば、その後は獣医師の先生方に、生後すぐからの投与も含めていろいろなステージの患者ネコにＡＩＭを使ってもらえばよいのだが、治験では、ＡＩＭを投与する群と投与しない群との間で、腎機能に明らかな差をできるだけ短時間で出す必要がある。

どのステージでＡＩＭを投与すると最も短い期間でＡＩＭの効果がはっきりわかる

かを探るため、小林先生にご協力をいただき、全国にいる先生の信頼できる仲間の獣医師の先生数名に、いろいろなステージの患者ネコにＡＩＭを投与してもらった。２０１７年1月から打ち合わせ・調整を続け、同年6月から約3カ月間、投与を行った。

すると、予想していたように、慢性腎臓病の初期（ＩＲＩＳステージ2や3の初期）では、例えば2〜3カ月間、ＡＩＭを投与していてもいなくても、腎機能マーカーは変動しない。

おそらくこのステージであっても、数年間観察していれば、ＡＩＭ投与群と非投与群で腎機能マーカーの値にはっきり差がついてくるのだろうが、治験を行う期間として適当である数カ月のスパンでは差が出ない。

一方、キジちゃんのようなＩＲＩＳステージ4のネコにＡＩＭを投与した場合、いったんはどのネコでも尿毒素が掃除されて元気になる。

しかし、このステージでは、ネコによっては重度の貧血や歯肉炎など末期腎不全にともなうほかの症状が手遅れの状態まで進行していたり、溜まっている尿毒素の量もまちまちだったりするため、なかなか一定した結果とならない。

つまり、ネコごとに症状や重症度が大きく異なるので、一頭一頭でＡＩＭの投与量や投与の間隔を変えていかなくてはならない。これもやはり、ＡＩＭが承認された後、臨床の現場で行う分にはよいのだが、治験はあくまで一定のプロトコール（手順）で行う必要があるから、適当ではなかった。

ネコの腎臓病を悪化させない効果

２０１６年３月にＡＩＭ投与を開始したロシアンブルーの楽（らく）ちゃんは、ＩＲＩＳステージは３の後期で、まだ全身状態は良好であるものの、このままでは近いうちにステージ４に入ってしまう可能性が高かった。

オーナーの岩崎さんによると、楽ちゃんは２歳というネコとしてもまだ若い時期に腎不全を発症し、ＡＩＭ投与を開始した13歳当時まで、10年以上の長期にわたり定期

楽ちゃん（写真提供：岩崎裕治氏）

的な通院・治療を続けていた。

ロシアンブルーは、オーナーに対して忠実な性格で、「イヌみたいなネコ」と評されることもあるという。楽ちゃんも岩崎さんには絶対的な信頼を寄せていて、普通のネコなら嫌がる動物病院での処置、自宅で毎日しなくてはならない輸液や投薬、歯磨きなど、慢性腎臓病の治療に必要なことはすべて受け入れてくれたということだった。

そういう我慢強い性格だったから、腎不全を発症してから10年以上たっても、病状をＩＲＩＳステージ3にとどめて良好な状態を維持できたのだろう。

楽ちゃんへのＡＩＭの投与は、２０１６年3月、同9月、２０１７年4月の3クールに分け、それぞれ複数回ずつ行った。

岩崎さんのお話では、ＡＩＭ投与後には確実に楽ちゃんの調子がよくなるとのことで、それは検査の数値にも現れていた。

オーナーさんにとっては、愛猫の体調が回復することが何よりの望みのはずで、岩崎さんも「ＡＩＭの投与を開始後まもなくして、数年ぶりにご飯をねだって鳴いてくれたことが一番効果を実感した」とおっしゃっていた。楽ちゃんの場合、このときはＡＩＭの投与によってＩＲＩＳステージ4への突入を阻止できた可能性が高い。

このように、全体として症例数は少ないものの、いろいろなステージの患者ネコにＡＩＭを投与させていただいた結果、楽ちゃんのステージ、すなわち、何もしないとほどなくＩＲＩＳステージ4に入り、急激に尿毒症が悪化してしまう可能性が高い時期にＡＩＭを投与すると、数カ月間の投与で、ＡＩＭを投与しないネコと明らかな差が出ることがわかってきた。

ネコの腎臓病を治療する薬剤の開発に向け、本格的な治験を行うとすれば、このス

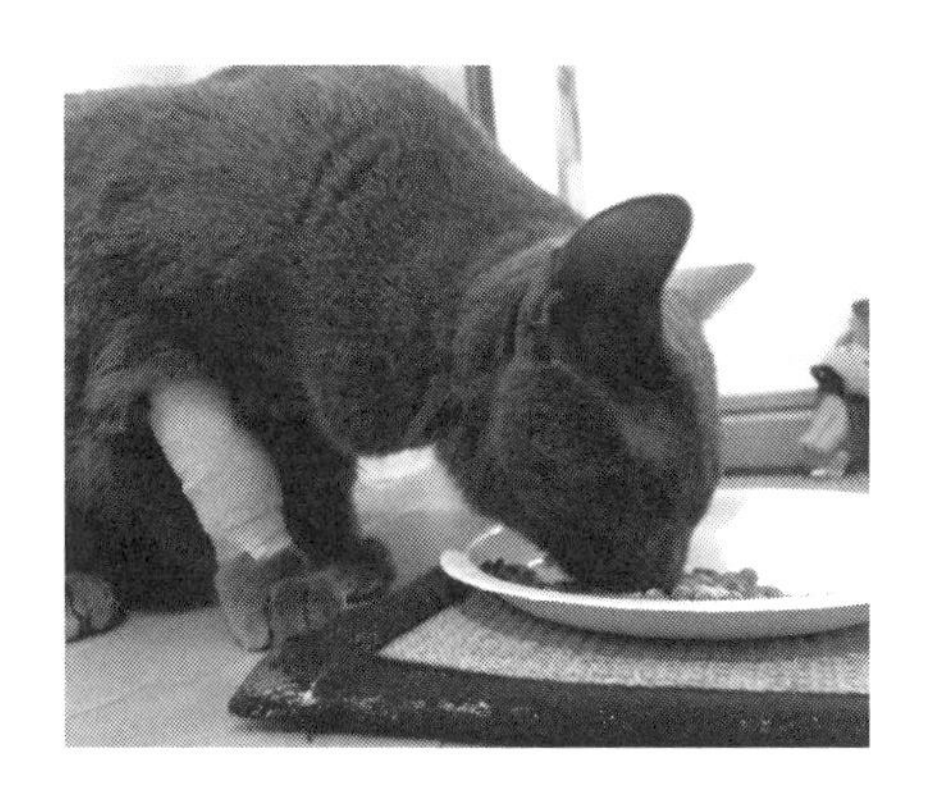

1クール後（2016年3月）　食欲が出た様子

2クール後（2016年9月）
体調がよくなり、お気に入りの
キャットタワーに飛び乗る

3クール後（2017年4月）
体調も安定して機嫌がよい様子

AIM投与後の楽ちゃん（写真提供：岩崎裕治氏）

テージのネコたちを対象にすることが適当と考えられた。

なお、楽ちゃんは、ＡＩＭの投与により体調が上向いたのだが、大学の研究室で作製できるＡＩＭの量には限界があるため、３クールで投与をいったん終了させていただいた。

2年ほど時間を空けて、２０１９年3月から4クール目の投与を開始する予定だったのだが、その直前に状態が悪くなり亡くなってしまった。享年は16歳だった。

岩崎さんは感謝してくださったが、キジちゃんと同じような転帰となってしまい、このときも非常に悔やまれた。

やはり、大学の研究室で、自転車操業でＡＩＭを作製するような状況を脱し、薬剤としてＡＩＭを大量生産する体制を整え、一日も早く承認を受けて、キジちゃんや楽ちゃんのようなネコにずっとＡＩＭを使い続けてもらえるようにせねばならない。

そのためには、このプロジェクトを大学で行うのは無理である。製薬会社と組むか、あるいは投資を呼び込み自分で会社を作るかしかない。

私は、小林先生との一連のＡＩＭ投与研究が一段落した２０１５年の秋ごろからそのように考え、本格的なＡＩＭの創薬化に向けて、いろいろと模索を始めた。

私がネコの腎臓病治療の研究を始めたのは、前述のように小林先生たち獣医師さんの熱意と「ヒトの〈治せない病気〉を治したい」という私の医学へのモチベーションがシンクロしたからで、目的はあくまでヒトの病気を治すことにあった。

しかし、実際に獣医師の先生方と共同研究を開始し、ペットを飼っているオーナーさんたちから直接ＡＩＭへの期待も寄せられてくると、いかに多くの人がネコを飼い、どんなに可愛がっているかが実感できた。

ネコのオーナーさんたちは誰もがものすごくネコを可愛がっていた。人によっては、自分の子ども以上に愛情を注いでいるかもしれない。

そして、そのオーナーさんたちはみな、愛猫の腎臓病で悩んでいた。そしてＡＩＭに強く期待してくれている。

そういう事情を目の当たりにしているうちに、研究者というより臨床の現場にいたころのマインドが戻ってきた。

なんとかしてこの腎臓病のネコを治してオーナーさんたちをハッピーにしたい。これは、特に研修医のころにいつも感じていた気持ちだった。

いつしか、患者ネコやそのオーナーさんに対する思い入れは、人の患者さんとそのご家族への想いとまったく同じものになっていた。

第8章

ネコ薬の開発

化学合成では作れないＡＩＭ

実際にネコ用のＡＩＭの薬（以下「ネコ薬」）の創薬化を模索し始めると、簡単ではないことがすぐにわかった。

最初の難しい点は、「ＡＩＭがタンパク質製剤」だということにあった。

化学合成して作る化合物（「低分子化合物」と言う）である一般的な薬とは違い、タンパク質製剤は、その製造には桁違いにコストがかかり、製造工程も複雑になる。

ＡＩＭを薬剤にした場合、昨今の癌（がん）の治療に使われる抗体医薬品と同じ分類になる。

抗体医薬品は、特定の疾患に関連する分子に特異的に結合する抗体を製造するのに遺伝子組み換え技術などを応用したもので、癌細胞などの抗原をピンポイントでねらい撃ちして駆除することができる。

抗体はタンパク質だからタンパク質製剤の一つだが、抗体医薬を使った治療が非常に高額になる大きな理由は、製造に大きなコストがかかるからだ。しかも、単なる抗体製剤であれば、これまで多くの開発経験によって、ある程度製造法が固まっているが、抗体ではないＡＩＭの場合、世界で初めての薬になるので、手探りで製造法を確立していかなくてはならない。

さらに、ＡＩＭはタンパク質としての構造が抗体より複雑で安定性が悪いため、非常に慎重に作らなくてはならないことは、私たちのこれまでの経験からわかっていた。

製剤化にはいっそう不利で、科学的に効果が十分保証されていても、このような難しい条件のそろったＡＩＭの創薬事業を、すぐに引き受けてくれる製薬会社はおいそれとはない。そもそも、タンパク質製剤を自社で作れる施設を持った製薬会社が日本にはあまりない。

何社かと話をしてみたが、大いに興味は持ってくれるものの、思わしい返事はもらえなかった。

自力で薬を作るしかないが…

そうなると、自分で会社を作ってネコ薬の創薬を進めるしかないという結論になる。とはいっても、私は大学の研究者であるから、そもそも会社をどうやって作ればいいのかも知らない。第一、大学の規約で民間企業の社長にはなることができない決まりになっている。いろいろと知り合いに聞いて勉強したが、結局、投資会社と組んで会社を作り、一般投資家から資金を調達して開発を進めるのが順当なやり方であるというところまではわかった。

しかし、通常の事業とは異なり、前述したような、莫大なコストがかかり技術的にも非常に難しい製薬への挑戦だ。しかも、事業として採算が取れなくてはならないわけで、大学で実験に必要な分を研究室で作るのとはわけが違う。

いままで単に研究をするうえでは、採算を取るなどという経営上の観点など持ったこともなかった。だが、会社を作って事業を展開していくとなると、いつまでにこれだけの資金で、ここまでの工程（マイルストーン）を完成させること、といった資本家からの厳しい要請がある。

それはそもそも無理なことだった。

このＡＩＭ創薬は、実際に理論どおりの治療効果が安定して得られるのか、ネコにとって安全なのかなど、いろいろな条件を確かめながら進めていかなくてはならない。いつ完成するかなど約束できないし、本当に満足のいくＡＩＭの大量生産が可能なのかも、やってみないとわからない。そのうえ、一つひとつの工程に大きなコストがかかる。

そんなことは、科学者ではない投資家たちには説明してもわかってもらえることではないだろう。あくまで利益の追求のために出資しているのだから、そんな言い訳など通りっこない。

要求を果たせないでいると、資本家はすぐに手を引く。だからわがままを言えば、このような開発事業には、〝エンジェル〟が必要だ。

ビジネス的には荒唐無稽なことだろうが、極端に言えば、昔の王侯貴族のような人が、なんの条件も出さず、期間の設定もせず、一種の楽しみもしくは社会貢献として必要なだけ資金を提供し、私の思うように、自由に開発研究をさせてくれなくては、おそらく完成できないのではないかと思った。

私がそんな考えであるから、当然のことながら、投資会社の人たちと話をしても、双方なかなか満足しない。「それでは始めましょう」ということにならない。

時間だけがすぎていく。

ＡＩＭが腎臓病に効くことは保証されているのに、薬にすることができないという状況に、焦りだけが募った。

現れた〝エンジェル〟

しかし転機は訪れた。

これも再び、偶然としか思えない人の縁によってである。

私は、東大の本部が主催する「Executive Management Program（ＥＭＰ）」という社会人向けの講義シリーズで、２０１２年からずっと講師を務めている。

そのＥＭＰの創設者の一人である横山禎徳先生は、大手経営コンサルティング会社のマッキンゼーで長く勤務された経歴を持ち、２０２０年からは東大生産技術研究所の特別研究顧問を務められている。社会のシステムをデザインすることの重要性を提唱されている方でもあった。

お互い異色なところで気が合ったのか、ＥＭＰに参加した当初から仲よくさせていただいている。

ＡＩＭの創薬化で頭を痛めていた２０１５年10月、横山先生の主宰するワイン会にたまたま呼ばれた。

行ってみると、さすが横山先生の主宰だけあって、私などが同席することも憚（はばか）られるような、各界の重鎮数名がいらっしゃった。

そこでたまたま隣に座っておられたのが、日本のメガバンクの一つの頭取をされている方だった。

なんとなくＡＩＭの話をしたところ、大変興味を持っていただき、後日その銀行の新規事業開拓に関係する方々が訪問してくださり、ＡＩＭの創薬事業化についてアドバイスをいただいた。

しかし、前述の困難な点を説明すると、やはりみな一様に困った様子で、「たしかに通常の形態のベンチャー会社ではなかなか難しそうだ」という結論になり、そのときは大きな前進とまではいかなかった。

それから数カ月して、同じメガバンクのまったく違う部門の方から連絡があった。

ＡＩＭの話がどう伝わったかは詳しく聞いていないが、その方がお世話をしている、いろいろな業種の会社の創業者の集まりの会があり、その会のメンバーで、各界からいろいろな講師を呼んで定期的に勉強会をしているから、そこで「ＡＩＭの話をしてもらいたい」との依頼だった。

当日行ってみると、誰でもよく知っている会社の創業者の方々数名からなる小さな勉強会だった。

ちょうどその少し前に、ヒトの急性腎臓病に関する論文と、ネコとＡＩＭに関する論文が世に出て、新聞などにも取り上げられていたこともあり、腎臓病の話を中心に、キジちゃんや楽ちゃんの話を交えて１時間ほど講演をした。

講演が終わると、みなさんとても興味を持ってくださったようで、質問がたくさんあった。さすがに有名な大会社を一代で築き上げた方々だけあって、医療は専門外にもかかわらず、とても鋭い質問がいくつもあった。

その中でも、Ｘ社の創業者で会長を務める方が特に興味を持たれたようで、「これは、少なくともネコの薬を作る準備は整っているというわけですね？」という質問があった。

私は「科学的にはそうです。しかし薬を作るには、私たちがこれまでやってきたＡＩＭの基礎研究とはまた別の、ＡＩＭを薬として開発するというプロセスと、治験を行い、承認申請をして認可を取る、というプロセスがあります。これは大学で、私たちだけで行うことは、開発費用だけ考えても不可能です。ただ、動物薬でしたら、人薬の開発に比べれば、費用も時間も少なくてすむとは思います」と答えた。

その方は、勉強会の後の食事会で私の隣に座られ、さらにＡＩＭに関するいろいろな質問をされた。

そして最後に、「ネコ薬を作るのにどのくらいの開発費用が必要だと思うか？」と尋ねられた。

とっさのことだったので、私も正確な数字を準備していなかったが、ざっくりとした想定額を述べたところ、黙ってうなずかれて、その後は研究とは無関係な世間話となった。

それから数日後、Ｘ社会長の側近の方から連絡があり、「会長がＡＩＭに大変興味を持たれており、もう一度詳しく、開発のプランも交えてお話をうかがえないかと言っている。ついては、近々、会社の幹部のみで恒例の集中会議を海外で行うのだが、そこにご同行できないか」、との要請があった。

一度会っただけの人から海外に誘われるなど、普通は警戒するのだろうが、そのとき私は、その場で「行きます」と返事をした。

そしてその1カ月後には、私はX社の人たちとともに現地に赴き、再度会長の前でAIMの説明をし、ネコ薬開発に向けての私の考えたロードマップをお話しした。

そして驚くべきことに、その数時間後には、「X社が開発資金をすべて出資し、株は私と均等に持ち合う」という条件でベンチャー会社を作り、「一緒にネコ薬を作る」ということが決定していた。

会長は「科学的なことはわからないので、いっさい宮崎さんに任せる。一丸となってがんばって、世界中のネコを救おうじゃないか。これは社会貢献だよ」とおっしゃった。

まったく夢のような話であるが、〝エンジェル〟が本当に現れたのだ。

と同時に、私はこの瞬間から、大学の教授としての教育者・研究者であると同時に、製薬開発も本当に進めなくてはならなくなったわけで、大きな喜びとともにその責任の重さを痛感し覚悟を固めた。

その後1日半ほどかの地に滞在したが、観光するどころではなく、部屋にこもってAIM製剤の開発のことに始終思いをめぐらせていた。

いよいよ、AIM動物薬創薬のスタートである。

2016年10月、ネコ薬の創薬について本気で考え始めてから、ほぼ1年がたっていた。

第9章

臨床試験に向けて

製薬会社抜きでの創薬事業

設立されたベンチャー会社では、2017年からＡＩＭのネコ薬の開発作業が開始された。

しかし、私が研究者としてＡＩＭが腎臓病をはじめとした病気に効果があることを証明すれば、すぐＡＩＭが薬になるわけではない。製品としてのＡＩＭ薬を作っていかなくてはならないわけだ。

一緒に開発するＸ社も、医療や製薬とはまったく無関係な会社なので、完全に素人である。普通は、私たち研究者の研究成果を、プロである製薬会社が「薬」にしていく、というのが常道だが、今回は製薬会社抜きで、一介の研究者が製薬とは縁もゆかりもないパートナーと組んで薬を作るという大きなチャレンジになった。

おそらくいままで、このような形で創薬がなされたことはないだろう。成功すれば、まったく新しい創薬事業形態のモデルになる。これは一種の社会実験ともいえた。

さて、創薬開発には、二つの大きなプロセスがある。

一つは文字どおり「薬を作る」ということだが、これは大きく二つのステップに分かれる。

最初にＡＩＭの大量生産ができるようにする必要がある。

前述したように、タンパク質であるＡＩＭは化学的に合成できないため、培養細胞にがんばって作ってもらうしかない。合成できるのであれば、大量生産は簡単なのだが、細胞がタンパク質を作る能力には限度があるから、いろいろ工夫をして、細胞の能力限界ギリギリまで、できるだけたくさんＡＩＭを作らせるようにしなくてはならない。これがなかなか難しい。

大量生産ができるようになったら、今度は培養細胞に作らせたＡＩＭを、ネコたちの体の中に注射しても問題がないように、不純物のないきれいなＡＩＭに精製する必要がある。

しかも、この両方のステップを、「信頼性基準」というたくさんの細かい条件をクリアする形で確立せねば、でき上がったものを薬として認めてもらえない。とにかく非常に手間とお金がかかるのである。

もう一つのプロセスは、実際の患者ネコにＡＩＭを投与して行う研究、一般に「治験」と呼ばれる臨床試験である。

治験をなるべく短期間で成功させるためには、ＡＩＭを腎臓病のどのフェーズで、どのくらいの回数どの程度の量を投与するのがよいか、また投与は静脈注射がいいのか皮下注射がいいのかなどを検討し決定しなければならない。そして、それをもとに臨床試験のプロトコール（手順）を決める。

動物薬の場合、臨床試験は1回のみなので、必ず成功させる必要がある。

そのため、事前に実際のネコでＡＩＭの投与に関する方法を固めておかなくてはならないのだ。これまで小林先生に協力いただいて少数の患者ネコで検討してきたが、今後は、よりたくさんのネコで研究する必要がある。

最初のＡＩＭを薬にしていくプロセスは、パートナーのＸ社から絶対的な信頼をも

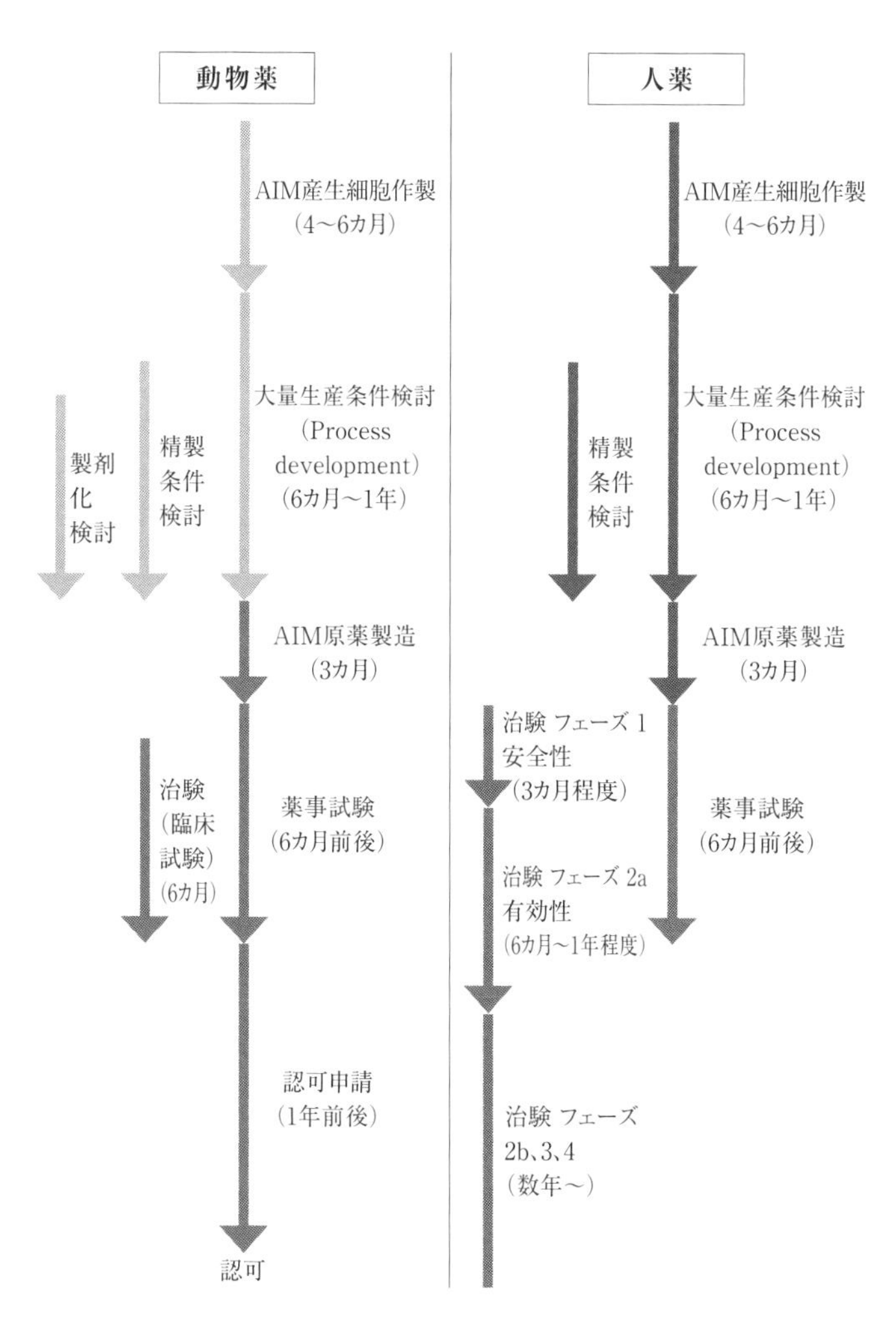
動物薬
AIM産生細胞作製
(4〜6カ月)
大量生産条件検討
(Process
development)
(6カ月〜1年)
製剤
化
検討
精製
条件
検討
AIM原薬製造
(3カ月)
治験
(臨床
試験)
(6カ月)
薬事試験
(6カ月前後)
認可申請
(1年前後)
認可
人薬
AIM産生細胞作製
(4〜6カ月)
精製
条件
検討
大量生産条件検討
(Process
development)
(6カ月〜1年)
AIM原薬製造
(3カ月)
治験 フェーズ 1
安全性
(3カ月程度)
薬事試験
(6カ月前後)
治験 フェーズ 2a
有効性
(6カ月〜1年程度)
治験 フェーズ
2b、3、4
(数年〜)

AIM創薬への道筋

らっていることで、とても速く進んだ。一つひとつの工程に関する決断がとても速いのが理由だ。いちいち会議を開いて検討する必要がなく、私たち研究者側の判断で事をどんどん進めていける理想的な開発工程となった。

このような薬作りの工程に必要な技術と設備（数百〜数千ℓの容量がある巨大な培養装置が必要となる）を持ち、実際の作業を請け負う受託会社と共同し、最初は日本で、その後は台湾で開発を進めた。

また、そのような開発の基礎研究を行うために、東大内にＡＩＭ創薬研究に特化した講座をX社の寄付金で開設し、私の本来の研究室でＡＩＭと病気との関係のより基礎的な研究を行うのとは別に、独立してネコ薬の研究を進めた。

国家プロジェクトで創薬を進める台湾

台湾の受託会社との開発を始めて知ったのだが、台湾では、今後タンパク質創薬が増えてくることを見越して、タンパク質製剤を作る一連のシステムの基礎を、〝国家プロジェクト〟として国家予算でまず作り、その後そこからたくさんの民間会社をスピンアウトさせていた。

そのため、薬を作るうえで違うステップを請け負う会社同士がよく連携しており、そうした会社で実際に作業を行う人たちは、薬を作るすべての工程が明確に見通せている。

残念ながら、日本ではこれだけ多くの製薬会社が癌（がん）の抗体医療（もちろん、これもタンパク質製剤の一つだ）に力を入れているのに、タンパク質製剤開発のためのシステマチックなインフラが国内にはほとんどない。

そのためだろう、台湾のこの受託会社も、日本の製薬会社からの依頼がとても多いらしい。

実際に創薬の現場に中心責任者として携わってみて、創薬事業が医学の研究といかに異なるかが身に染みてわかった。

研究者としての視点ではなんの問題もないところが、創薬の観点で見ると「全然ダメ」ということは何回もあった。

研究と創薬では、普段使う言葉さえも違う。日帰りで台湾の工場に話し合いに行ったり、台湾の技術者とオンラインで何回も会議をしたりもした。どちらもネイティブではない英語だから、これがなかなか難航する。

しかし、こちらが本気でがんばると、台湾の人たちも非常に熱心に応えてくれた。共同作業を続けるうちに、強い信頼関係が築けたと思う。

そうして約3年間、紆余曲折（うよきょくせつ）があったが、なんとか大量生産と精製の方法を決定するところまでこぎ着けた。

X社の人も大変だったと思う。まったくの専門外の人たちが、なんとか私たちについて来ようと必死に勉強してくれたのだ。X社の人たちは、若い人から年配の方まで大変な努力家ぞろいだった。こういう人たちが日本の経済を支えていると思うと本当に心強い。

私自身も勉強になった。いまや研究者と薬剤開発者の両方の視点を持つことができ、これは今後ネコ薬に続き人薬を開発するに当たっても、非常に大きな財産となるはずだ。

日本中の獣医師の協力

そして、患者ネコへのＡＩＭ投与の研究は、日本中からたくさんの獣医師の先生方に多大な協力をいただいて、２０２０年までに３回のセッションを行うことができた。

前述のように、ＡＩＭ製剤の開発とともに重要なのは、すべてのネコでじわじわと進んでいる慢性腎臓病のうち、どのステージでＡＩＭを投与するのが最も治験に適しているかを探ることだった。

そこで、１回目は２０１７年１月から打ち合わせと調整を始め、小林先生を中心にさまざまなステージの患者ネコを探していただき、それぞれのネコにＡＩＭを１度だけ投与する試験を６月から約３カ月間行った。

２回目は２０１８年冬から打ち合わせを開始し、鳥取の倉吉市にある公益財団法人動物臨床医学研究所の取りまとめで、研究所と関係している何人かの獣医師さんに、主に軽症のＩＲＩＳステージ2やステージ3の早期の患者ネコを中心にＡＩＭを数カ月間投与していただいた。

そして3回目は、２０１９年冬から東京の高島平手塚動物病院と川崎市の竹原獣医科医院、小林先生にもご協力をいただき、2～3カ月すると状態が急激に悪くなるＩＲＩＳステージ3の後期に焦点を当て、3カ月間ＡＩＭの投与を行った。

その結果、やはり楽ちゃんのステージ、ステージ4に入る手前のステージ3の後期にＡＩＭを投与すると、数カ月ではっきりＡＩＭの効果が観察できるという点で、治験に適していることが確認された。

この過程で、高島平手塚動物病院の患者ネコで、ステージ4に入ってしまっていた13歳のてとちゃん（口絵2～3ページ参照）にもＡＩＭを投与する機会があった。

てとちゃんはすでに重度の腎不全になっていて、冒頭に紹介したキジちゃんと同様のケースである。投与前には立っているのがやっとで、動きも少なく食事もとれない状況であったが、ＡＩＭを投与した1週間後には、自分で元気にご飯を食べるように

てとちゃん（写真提供：手塚哲志氏）

なっていた。

興味深いことに、キジちゃんと同じく、尿毒症の典型的な症状である全身の炎症のマーカー、血中のＳＡＡの数値が、ＡＩＭの投与後大幅に低下していた。

前述したように、ステージ４のネコは、症状が個体ごとにかなり異なるので、治験の対象としては不向きであると思われるが、キジちゃんやてとちゃんのように、ＡＩＭを投与することで、全身の炎症を軽減させ症状を改善できるケースもあることが明らかになった。

このＡＩＭ投与研究の間、たくさんの獣医師の先生方とおつき合いをしてみて、やはり人の

山根義久先生

医者も動物の医者も、純粋に「〈治せない病気〉を患者さんのためになんとかしたい」と真剣に考えていることが実感できた。

昨今、「ワンヘルス」というスローガンのもと、日本医師会と日本獣医師会が共同で病気の研究を行う機運が高まっているが、人の医者も動物の医者も、「患者さんを助けたい」という気持ちが最大のモチベーションで、日々医療に勤しんでいることがよくわかる。

特に、動物臨床医学研究所理事長の山根義久先生には多くのことを教えていただいた。

もともと吉本で芸人をめざしたのち獣医師となり、地域で臨床医として活躍されてから、東京農工大の教授に抜擢され、多くの若い獣医師を育てたという特異なカリスマで、その筋の通った豪快な生き方には私も大変魅了された。

山根先生からご紹介いただいたおかげで、たくさんの獣医師の先生方と一緒に研究してこれたのだと思う。先生には感謝しかない。

ヒトの腎臓病研究の進歩にもネコ薬開発が貢献

こうしてネコ薬の開発作業は順調に進んだが、このことはネコだけでなく、ヒトの腎臓病治療の研究にも大きな進歩をもたらした。

人間の場合、慢性腎臓病は数十年かけて進行し、最後には腎機能が低下して人工透析が必要になる。

そのため、新薬の治験を行う場合、病気の進行状況（＝ステージ）を選ばないと効果を確認するのに非常に時間がかかり、治験そのものが困難になる。ネコの場合と同じであるが、ヒトは病気の進行がネコよりずっと遅いため、さらに治験のステージを吟味することが重要となる。

これまで腎臓薬の開発があまり進んでいないのは、それが原因の一つなのかもしれない。

人間より寿命の短いネコでは、人間の腎臓病とほぼ同じ経過がおよそ10年強で進行するので、数カ月の期間があれば、さまざまなステージでＡＩＭの効果を試すことができた。またその結果、それぞれのステージでＡＩＭが主にどのようなゴミを掃除するのかも推察できた。

これらの知見は、今後ヒト腎臓病でＡＩＭの治験を行う際に、どのステージでどのくらい投与し、何を指標にして効果を判定するかを考えるうえで非常に大きな財産となった。

全員が腎臓病になるネコのおかげで、私たちはいま、人間用のＡＩＭ製剤での治験の設計図を明確に描くことができるのだ。

さらにＡＩＭ製剤の開発作業でも、結果的にネコ薬開発が人薬開発のための予行演習になった。

ＡＩＭのようなタンパク質薬剤を開発する手順は、①ＡＩＭを大量に産生する細胞株を作製する、②その細胞株に最大限多くのＡＩＭを作らせる培養条件を検討する、③培養条件を検討するための実験を最初は２５０㎖程度の小規模の培養で行い、それを２ℓ、５ℓ、50ℓとスケールアップしていくが、その過程で産生量が低下しないように培養条件を微調整する、④培養液中のＡＩＭを純度の高いＡＩＭにするための精製法とその条件を検討する――という工程で進む（③と④の工程は、ほぼ同時進行になる）。

こうした開発は、必要なインフラと技術を持つＣＲＯ（開発業務受託機関、Contract Research Organization）と共同で進める必要があり、前述したように私たちはネコ薬の開発に当たって台湾の会社と手を組んだ。

ネコ薬のベースとなるマウスのＡＩＭについては、④までほぼ完了している。

ヒト薬ではもちろん「ヒトＡＩＭ」を使うが、開発工程はまったく同じなので、ネコ薬開発で得た①～④における技術的な積み重ねは、そのまま「ヒトＡＩＭ開発」に利用できる。また、開発上の問題点、困難な点とその克服策についても十分な知見が集まったから、3年をかけたネコ薬の開発より「ヒトＡＩＭ」の開発は格段にスムーズに進むはずだ。

副作用がないＡＩＭ

これまでネコやマウスにＡＩＭの投与研究を重ねてきたが、「ＡＩＭ自体による副作用は皆無」と言ってよいくらい認められていない。

副作用がない理由としては、ＡＩＭは人工的な物質ではなく、もともとネコも人間も体の中にたくさん持っている自然なものであることがまず一つ目である。

さらに、ＡＩＭがネコの腎臓病を治療するメカニズムもまた、人工的な無理やりのものではなく、もともとＡＩＭが通常、体の中ではたらいているとおりに機能させている点が挙げられる。

要するに、私たちが体の中に持っている〝ゴミ掃除〟のメカニズムをそのまま使っているのだから、それが体に悪い作用をすること（副作用が発生すること）は、そもそも起こるはずがない。

そしてさらに、ＩｇＭから離れて活性化したＡＩＭは、体の中でゴミ掃除に使われなかった分はあっという間に尿中に排泄（はいせつ）されてしまい、体の中に蓄積することがない点も大きい。

一般的に、薬が体の中に残留して蓄積することが往々にして大きな副作用を惹起（じゃっき）してしまうが、ＡＩＭはこの点でも心配がないということになる。もともと体のほうで、活性化したＡＩＭが体内に溜（た）まらないように、自然に調整しているのだ。

ただ唯一、ネコの治療にネコＡＩＭではなくマウスのＡＩＭを使うので、種の違いからマウスＡＩＭに対する抗体はできてしまう。

まれに非常にたくさん抗体を作り、吐き気などのアレルギー様の症状を呈する場合が認められることがある。

だから、投与する前にアレルギーの指標である血液中のＩｇＥの値を調べることで、そのネコがアレルギー体質かどうかチェックしておき、血液中のIgE値が高いアレルギー体質のネコには使用しないか、あるいは慎重に投与を行うようにする方針だ。

ヒトには「ヒトＡＩＭ」を使用するので、このような心配もない。

第10章

新型コロナウイルスとAIM

新型コロナウイルスの猛威とネコ薬開発の中断

ネコ薬の開発は2020年3月までに、本格的な治験に必要な生産と精製の方法を決定する段階まで進んだ。

この後はAIMの生産条件の最後の調整をし、治験薬を大量生産してできるだけ多くの患者ネコを対象に治験を実施、その結果をもとに動物薬としての承認を申請するだけだった。

たくさんの困難やトラブルもあったが、「どうしても腎臓病のネコを治してオーナーさんをハッピーにしたい」という私たちの熱意と執念が、それを乗り越えさせたのだ。

私の中では、研修医時代のように、ただ「目の前にいる患者さんを救いたい」という一念しかなかった。もはや患者がヒトであるか、ネコであるかの区別はなかった。

開発のパートナーであるX社の方々も、本来は徹底して利益を追求する企業人のはずなのに、私と同じように何よりも「患者さんを救いたい」というマインドになっていたようだった。

そうした私たちの想いは、ビジネスで製造を受託する会社にすぎない台湾のCRO（開発業務受託機関）を動かし、彼らも並々ならぬ熱意を持って開発に協力してくれた。

しかし、そこに初めて、これまでのようには克服することができない未曽有の難事が振りかかってきた。

新型コロナウイルスの世界的な感染拡大である。

2020年2月の初めから国内の感染者数も増え始め、徐々に社会の危機感は募ってきていたが、3月の時点ではX社の方々や台湾のCROとも定期的にミーティングを開き（さすがに台湾とはオンライン形式になっていたが）、治験薬生産に向けた最後の詰めを行っていた。また、治験の計画や承認申請に必要な試験を委託する国内のCROとの話し合いも進んでいた。

ところが、４月７日に初めての緊急事態宣言が出されると、大学も事実上閉鎖され、寄付講座でも思うようにネコ薬のための研究ができなくなった。

そして何より、消費の急激な冷え込みと店舗・企業の営業活動の自粛要請を受けて、国内の主立った企業への経済的打撃は日に日に深刻なものになってきた。それはネコ薬開発のスポンサーであるX社も、例外ではなかった。

X社は規模の大きな会社であるから、毎月莫大な赤字が積み重なる。それでも、X社のＡＩＭ担当の方々は、なんとかネコ薬開発プロジェクトを継続すべく必死で方法を模索してくださった。

閑散とした緊急事態宣言中の街
（渋谷スクランブル交差点 2020年04月18日　写真／時事）

だが、新型コロナウイルスの猛威の前にはどうすることもできず、「治験薬製造とそれ以降にかかる費用の供給を凍結せざるをえない」という決断がくだされた。2020年6月の初めのことであった。

せっかくここまで開発を進めてきて、「さあ、これから治験薬を生産しよう」というところで、ウイルスに梯子(はしご)を外されたような形となり、私は目の前が真っ暗になった。

そのころには、AIMの情報を必死の思いで探し当てた全国の腎臓病に苦しむネコのオーナーさんたちから、「1日も早くAIMの薬を作ってほしい」というメールが毎日のように届いていた。なかには海外からのメールもあった。

そうしたオーナーさんの期待と患者ネコの苦しみに対してどうしたらいいのか、何もできない自分に焦りだけが募った。おそらく、X社の方々も無念だったことだろう。

海外企業や投資家とも交渉開始

しかし、悲嘆に暮れてぼんやりしているわけにもいかなかった。

こうしている間にも1頭また1頭とネコが腎不全に陥り亡くなっているのだ。どうにかして、ネコ薬開発を進めなくてはならない。

そこで私はまず、数年前からＡＩＭの人薬と動物薬両方に強い興味を示してくれていた欧州の製薬会社に改めてコンタクトを取った。

この会社の動物薬部門は、人薬を主体とする本体から実質的には独立していて、古くから家畜用薬剤の開発を手がけていた。私もそれまで何度か同社の動物薬研究所を訪れて、意見交換をしたことがある。そのため、動物薬の開発責任者の何人かとは友人になっていた。

私のコンタクトに対し、彼らはすぐに話し合いを持ってくれた。

ただ、ちょうどそのころは欧州でも新型コロナウイルスが猛威を振るっていて、研究者の多くが出社できない状況となっていた。

さらにタイミングの悪いことに、同社の動物薬部門はその年の夏に、アメリカの動物薬専門の製薬会社と合併して新しい会社を起こすことが決まっていた。

当然、合併に向けた作業に追われていて、ネコ薬開発の話を持ち込んでも新会社のプロジェクトとしてすぐに動かすことは難しいようであった。

その後、両社の合併は予定どおり実現し、新会社に移った私の友人たちはネコ薬開発の重要性を理解してくれていて、話し合いは現在でも継続している。

一方で、アメリカに本社のある別の動物薬の製薬会社とも高校の先輩を通じてコンタクトすることに成功し、開発担当の方々とやりとりを始めている。

欧米の動物薬市場は大きく、両社とも大企業なので、どちらかとの共同開発が決定すればプロジェクトが一気に進むことが期待される。

その反面、大企業は組織が巨大であることから、交渉や意思決定に時間がかかってしまう傾向がある。しかも、世界中の製薬業界は現在、新型コロナウイルス対策一色で、ワクチンや診断薬、治療薬の開発に多くのリソースを必要とし、動物薬部門からもマンパワーが引き抜かれている状況にある。

そのせいか、両社との話し合いは私の思ったとおりには進んでいない。

だから私は、そうした製薬会社とは別に、X社の代わりにネコ薬開発のスポンサーになってくれそうな個人投資家や投資会社とも話し合いを重ねている。

こちらも、いろいろな方からたくさんの出資先候補を紹介いただいた。本当にAIMは多くの人たちとの出会いに支えられている。

ヒト薬先行でネコ薬開発も

もう一つの戦略として、ヒト薬開発を一足先に進めてしまい、ヒトの治験薬を先に作ってネコの治験にも回すという方法も考えている。

実は、ネコ薬開発のベースとなっているAIM研究が進んだ結果、2019年秋に国立研究開発法人日本医療研究開発機構（ＡＭＥＤ）の「革新的先端研究開発支援事業インキュベートタイプ（ＬＥＡＰ）」に、私の「ヒトＡＩＭ創薬開発プロジェクト」が採択され、大きな額の研究費をいただけることになった。

私は専門性と決別したがために、日本ではどこの学会にも属していない。従来、国の大型研究費は学会で実績が認められたものが採択される傾向にあったが、今回のヒトＡＩＭ創薬開発プロジェクトはどこかの学会から強く推されたわけでもないのに採択された。

これには研究費を申請した私自身がかなり驚いたのだが、これまでのＡＩＭに関する基礎研究が認められただけでなく、何よりネコ薬を実際に開発してきて、治験薬の生産条件まで自力で決定した実績が大きかったのだろうと解釈している。

ヒトＡＩＭ薬の開発プロセスは、これまでＸ社と四苦八苦して行ってきたネコ薬開発のプロセスとほとんど同じものであるから、研究もかなり速いスピードで進むことが期待される。ヒトの治験薬を作るにも、培養細胞にＡＩＭを作らせ、それを精製していくのはネコの治験薬と変わらない。

だとしたら、ヒトの治験薬を先行させ、それをそのままネコ用の治験薬として使えばいいのだ。

これも一つの可能性と考え、ネコのことも考えてＬＥＡＰの研究費を最大限に駆使してヒトＡＩＭ薬開発を推進している。

なお、いまのところヒトＡＩＭ薬の第一の標的は、私にとって〈治せない病気〉ナンバーワンの腎臓病であるが、ＡＩＭが体内の〝ゴミ掃除機能〟を強化するはたらきはほかの病気の治療にも活用することができる。

腎臓病とともに、ＬＥＡＰプロジェクトの研究対象になる病気として私が考えているのは、アルツハイマー型認知症だ。

アルツハイマー型認知症は、第４章でも述べたように、正常でない形をしたアミロイドβというタンパク質断片のゴミが脳に溜まることによって起こる。まだ論文としては未発表であるが、そのゴミもＡＩＭによる掃除の標的となりうることがわかりつつある。

そこで今回のLEAPプロジェクトでは、腎臓病と認知症の克服を2本柱に位置づけて研究を進めている。

そのほか、前述したように肝臓癌(がん)や肥満、脂肪肝など、いくつもの病気がAIMによって制御できる可能性はマウスによる実験で確認できている。

AIMという1種類の分子で、いままで治らなかったたくさんの病気を治せるようになったときこそ、「専門性」「1薬剤1疾患」という従来の医学の常識、その大きな厚い壁に穴を開け、学問や病気の治療、薬剤のパラダイムを大きく革新することができると確信している。

体内のAIMを活性化させる

これまで述べてきたように、体の中になんらかの〝ゴミ〟が溜まることを原因とする病気は、ゴミが蓄積していくスピードとゴミを掃除する能力のバランスによって発症するかどうかが決まる。

普段生活していれば必ず生活ゴミが出るのと同じように、生きていれば体の中にゴミはできる。それを止めることはできない。

したがってＡＩＭ製剤の基本は、排出されるゴミを確実に除去できるように、ＡＩＭが不足していれば、それを体に補充してやることにある。

それにはＡＩＭそのものを注射して補充する方法もあるが、別の手段もあるのではないだろうか。

そもそもＡＩＭは血液の中でＩｇＭ五量体に結合して、不活性型の形で大量にストックされている。１３９ページの図では航空母艦にたとえたが、病気が起こるとＡＩＭは母艦であるＩｇＭからスクランブル（緊急発進）し、標的のゴミを掃除する。ただし、このとき体の中のすべてのＡＩＭがＩｇＭから発進しているわけではない。状況にもよるが、血液中のＡＩＭのうち数十％はＩｇＭにくっついたままである。

ということは、まだＩｇＭにくっついているＡＩＭを外して活性化することができれば、外からＡＩＭを注射するのと同じ効果が得られるに違いない。

ＡＩＭの注射が、戦闘地域に空母を何隻も増派して戦力を増強させるようなものだとすれば、不活性のままのＡＩＭを人為的にＩｇＭから外すのは、1隻の空母の格納庫にスタンバイしている戦闘機をフル稼働させることに当たる。どちらも同じＡＩＭなのだから、効果は同じことである。

そのようなアイデアから、前述のＬＥＡＰプロジェクトでは、東大薬学部・創薬機構の岡部隆義特任教授とともに、ＡＩＭをＩｇＭから外して活性化させる薬の開発も行っている。

ＡＩＭ自体を注射するのは、急性腎障害（ＡＫＩ）のような急性疾患や、末期の尿毒症に近い腎臓病のような、病気が燃え盛っているときにより向いている。

そこでは体からものすごい勢いでゴミが出ていて、それを掃除するためにはたくさんのＡＩＭが必要となる。ＡＩＭの注射では加えるＡＩＭの量に上限はないから、ドカンと補充して病気の火を消すことができる。

しかし、ＡＩＭをＩｇＭから外して活性化する場合、もともと体が持っている

ＡＩＭの量を超えることはできない。私たちの体は結構たくさんのＡＩＭをストックしているとはいえ、それには限りがある。

だから、既存のＡＩＭを活性化する方法は、ゆっくりと病気が進む慢性腎臓病（ＣＫＤ）の進行期（ステージ1や2など）や肥満、脂肪肝などの慢性疾患に対して、溜まっているゴミを定期的に掃除して病気の進行を止めたり治したりするほうに向いているだろう。

病気の予防にも――サプリメントへの応用

この方法は病気の治療だけでなく、病気を発症しないようにする「予防」にも適している。

トイレの水を定期的に流しておけば、トイレはつねに汚れのないきれいな状態に保たれるのと同じように、病気になる前からＡＩＭで小さなゴミまできれいに掃除して

ドリアン

ドリアン等から抽出された成分

おけば、そもそも病気になることはないだろう。

そうなると、この方法は薬よりもサプリメントに最適だといえる。

なぜなら、日本の医療では、「予防薬」という概念が確立していないからだ。薬はなんらかの病気を治すために処方するもので、病気になる前の健康な人に薬を与えるべきではないという考え方なのである。


そこで、ＡＩＭを活性化させられる天然の物質や食品添加物を探索することになった。

最初はなかなかうまく運ばなかったが、２０１８年５月に果物のドリアンに含まれる物質にＡＩＭを活性化し、ＩｇＭから外す作用があることを見出した（これについては、２０２０年7月に放映されたＮＨＫの番組「あさイチ」でも紹介され、反響があった）。

そして、その成分の研究をさらに進め、２０１８年11月にはＡＩＭを活性化する食品添加物を同定して、特許出願することができた（２０２１年4月に特許登録）。

ネコのＡＩＭも活性化
——ペットフードに混ぜる

第6章でも述べたように、マウスや人間と異なり、ネコはそもそもＡＩＭとＩgＭの結合が強すぎて、ＡＩＭがＩgＭから外れて活性化しない。すべてのネコの腎臓が悪くなるのはそのためなので、研究していたＡＩＭを活性化させる成分は、「ネコには効かないだろう」と私は考えていた。

ところが、２０２０年の12月、たまたま私の研究室にネコの血清があったため、そこに見つけた成分を加えたところ、なんとネコのＡＩＭもＩgＭから外れることがわかった。さらに、その成分に似た物質を加えても同様に外れることが判明した。

これは、「ＡＩＭ活性化」という手法がネコにも使えることが明らかになった瞬間だった。

ＡＩＭについては、このように「たまたま」や「偶然」で研究がブレークスルーを遂げることが多い。やはり、つねにアンテナを張りめぐらせ、全方向に注意を向けるようにしておかないと、大きな発見を見すごしてしまうのだ。

この成分を使ってＡＩＭを持続的に活性化させる方法は、病気の予防や慢性期の進行を遅らせることに大きな効果が見込める。

したがって、ネコの場合、離乳してすぐや、病気が軽いうちから食事やおやつに混ぜて常時摂取させておけば、腎臓病の発症そのものを防げたり、進行を抑えたりする効果が期待できる。

そこで私は２０２１年に入ると、ペットフードの会社とコンタクトを取り、開発に向けて検討を開始した。

ペットフードには、普通の餌（一般食）だけでなく、機能性食品などいろいろな種類があり、商品化に必要な条件や行うべき試験などに差がある。

しかし、今回はＡＩＭ製剤を待ちわびていてくれるネコのオーナーさんたちの手もとに一刻も早く届けることを目的に、まず一般食としての開発をめざしている。なんとか２０２２年の春ごろまでには発売したいと考え、懸命に努力しているところだ。

これを早急に商品化するには、既存のペットフードにＡＩＭを活性化する成分を混ぜる形が望ましいが、そもそもこの成分がドリアンから見つかっているので、独特の味やにおいを発する可能性がある。オーナーさんが「ネコによかれ」と思って、そのペットフードを用意しても、肝心のネコが食べてくれないのでは仕方がない。

そこで、混ぜる量はネコの嗜好性が落ちない範囲にとどめると同時に、マウスなどの実験で効果があり、かつ安全性が確保される量のバランスを見て決めるつもりだ。まずは、ＡＩＭを活性化する成分を配合した一般食から始めて、より詳細な臨床試験を重ねたうえで、軽度の腎臓病のネコに食べてもらう療法食も作りたい。

もちろん、重度の腎臓病を患うネコのためのＡＩＭ製剤は、１日も早く完成させて世に出したいと思っている。

新型コロナウイルスへの逆襲

新型コロナウイルスの感染拡大は、本書の出版時点ではまだ終息していないだろう。このウイルスは世界的に大きな死者を出した凶悪な存在だが、私にとってはネコ薬開発を遅延させた憎き相手でもある。

私も医学研究者であるから、「ＡＩＭで、新型コロナウイルスに対して一矢報いることはできないか」と、感染が社会的に大きな問題となってから、ずっと考えてきた。

ＡＩＭの最大の効果は、体から出たゴミ掃除機能の強化である。そして、新型コロナウイルスが人間にとって外から来たゴミであることは間違いない。ならば、ＡＩＭが体の外からのゴミには効果を発揮できないのだろうか？

これについて、２００５年にスペインの研究グループから、「ＡＩＭが細菌にベタベタくっついて菌をまとめ、お団子のように固めてしまい弱毒化する」という報告が出されている。

新型コロナウイルスは細菌よりさらに小さいが、ウイルスの遺伝子を覆っているタンパク質でできた殻の部分にＡＩＭがくっついて、お団子状態にして弱毒化することはないだろうか？

もしこれが実現できれば、ＡＩＭをウイルス自体を標的にした薬剤として活用できる。

また、新型コロナウイルス感染症は、一定割合の患者さんが重症化し、回復してもさまざまな後遺症が残ることが明らかになっている。

その一方で、重症化さえしなければ、呼吸器感染症としての症状は軽くすむ人が多いのも事実だ。

要するにＡＩＭのゴミ掃除機能強化の効果で重症化防止が確実になれば、病院のベッドが不足したり、ほかの病気の患者さんの治療に影響が出たりといった〝医療崩

新型コロナウイルスに対するAIMの効果

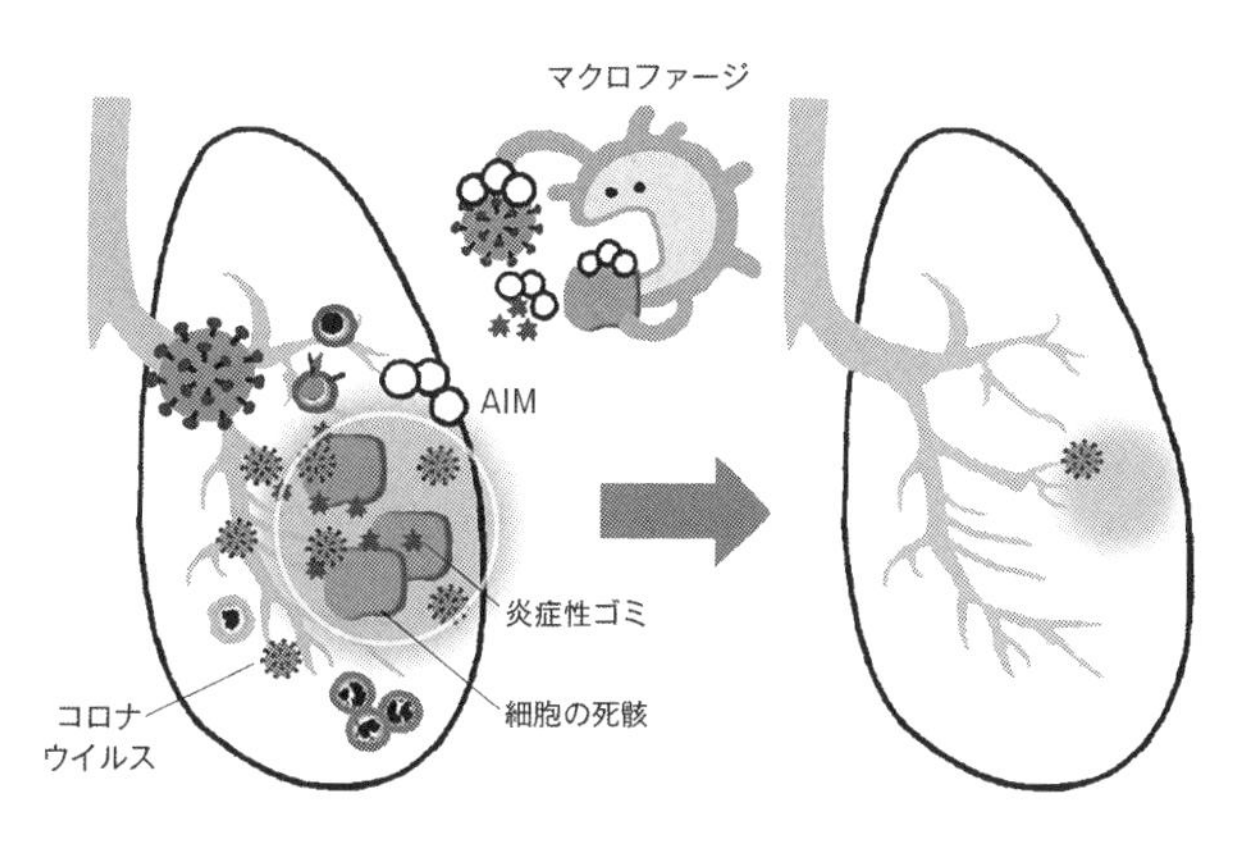

新型コロナウイルスに感染すると、肺でウイルスが増え（ウイルスゴミ）、
細胞の死骸（死骸ゴミ）や炎症を起こすゴミがたくさん出てきて、肺炎が悪くなり重症化する。
AIMでそうしたゴミをまとめて一掃すれば、感染しても重症化することはないはず。

壊〟を止めることが可能になる。

ただ、生体に無害なＡＩＭと違って、ウイルスの研究は簡単にはできない。新型コロナウイルスを扱う研究には「ＢＳＬ３（バイオセーフティーレベル）」（細菌・ウイルスなどの病原体を取り扱う実験室の分類。４レベルある）の実験施設が必要だが、東大本郷キャンパスには該当する施設がないからだ。

しかも昨年、「東大で新型コロナに関する研究を行う場合は申請が必要」という新しいルールができたので、新型コロナに対するＡＩＭの効果に関する研究の申請をしたところ、なぜか医学部の審査委員会から却下されてしまった。

しかし一方で、国立感染症研究所の先生方や東京女子医科大学病院・病院長の田邉一成先生のご協力で、学外の施設での研究を進める体制はできつつある。

そして、ＡＭＥＤ（国立研究開発法人日本医療研究開発機構）はこの研究計画を評価してくれて、「新型コロナウイルス感染症（ＣＯＶＩＤ-19）に対応可能な基盤技術の開発」という分野の研究公募で、「食細胞機構による炎症抑制と組織修復に基づくＣＯＶＩＤ-19新規治療法の検討」という研究課題の私の申請を採択し、研究費を提供してくれることになった。

これで心置きなくＡＩＭの新型コロナウイルスに対する効果を検証できる。

さらに、国内では動物への感染実験とＡＩＭによる治療実験は困難なので、海外の友だちに方々相談したところ、カナダの大学と共同研究ができることになった。

新型コロナとの戦いに対する科学者の姿勢

私はそもそも感染症やウイルスの専門家ではない。しかも、現時点ではヒトＡＩＭ研究の主たるターゲットは腎臓病と脳疾患で、国家プロジェクトであるＬＥＡＰの事業に採択された以上、そちらに専念するべきだとのご意見もあるだろう。

しかし、私は現在のような未曽有の有事においては、すべての科学者は自分の研究がなんらかの形で新型コロナウイルスの克服に貢献できないか、真剣に考え取り組む責任があると考えている。「感染症やウイルスの専門家ではないから」と言って、他人事のように沈黙していることは、科学者として無責任で卑怯(ひきょう)であるとすら思う。

私たち医学系の科学者は、テレビで連日報道しているような、感染拡大のシミュレーションを行い、注意喚起をするだけではなく、特に治療薬の研究に対して組織を挙げて取り組むべきではないだろうか。

コロンビア大学で長年、動脈硬化の研究をしてきた医学者の友人が、2020年夏の段階で自分の研究をいったん中断し、新型コロナウイルスに対する免疫反応について研究を始めていたのには驚いた。彼は、「コロンビア大学では大学全体でコロナに立ち向かっている！」とはっきり言っていた。

それに対して日本の大学には、「組織全体で新型コロナウイルス研究にチャレンジする」といった姿勢があるようには思えない。

日本の国家全体についても同じことがいえる。

いまに至っても、動物の感染治療ができる施設は国内にはほとんどない。ウイルスの感染拡大が始まってからすでに1年以上がたっているのに、なぜ国の主導で大型の実験施設を造らなかったのだろうか？　日本には、本当に自力で新型コロナウイルスと立ち向かう気持ちがあるのか？　とても悲観的な気持ちになってしまう。

しかし、いまは自分にできることをするしかない。海外との共同研究を中心に、AIMの新型コロナウイルスに対する効果の検証を進めることにする。

LEAPによるAIM製剤は開発中なのだから、もし新型コロナウイルスへの効果が認められれば、すぐに治験（臨床試験）を行う段取りはつけることができる。とにかく、ひたすらがんばるしかない。

足踏みした時間を無駄にしない

ＡＩＭ創薬はまだ途上ではあるが、完成する見通しはついている。

登山で言えば、頂上に向けた最後のアタック直前にあるといえるだろう。

新型コロナウイルスという難敵に遭遇はしたが、諦めるつもりはまったくない。むしろ、いったん足踏みしたことが、これまでの経過をじっくり吟味する時間を与えてくれた。

この時間を決して無駄にせず、〈治せない病気〉だった腎臓病の治療法を確立し、世界中のネコとそのオーナーさんたちをハッピーにしたい。

そして研修医時代、衰弱して亡くなっていく患者さんを見守ることしかできなかった、その原因となるさまざまな病気を克服するためにも、今後も待ち受けるであろう困難に決して屈せず、ＡＩＭ研究を続けるつもりだ。

本書の印税の一部は、ネコと人間の腎臓病研究などの費用に充てられます。

【著者紹介】
宮崎 徹（みやざき・とおる）
東京大学大学院医学系研究科疾患生命工学センター分子病態医科学教授

長崎県生まれ。1986年東大医学部卒。同大病院第三内科に入局。熊本大大学院を経て、1992年より仏ルイ・パスツール大学で研究員、1995年よりスイス・バーゼル免疫学研究所で研究室を持ち、2000年より米テキサス大学免疫学准教授。2006年より現職。タンパク質「AIM」の研究を通じてさまざまな現代病を統一的に理解し、新しい診断・治療法を開発することをめざしている。趣味は音楽。

猫が30歳まで生きる日
治せなかった病気に打ち克つタンパク質「AIM」の発見

2021年8月12日　初版発行
2021年8月22日　第2刷発行

著　　者　宮崎　徹
発 行 者　花野井道郎
発 行 所　株式会社時事通信出版局
発　　売　株式会社時事通信社
〒104-8178　東京都中央区銀座5-15-8
電話03(5565)2155　https://bookpub.jiji.com/
印刷・製本　中央精版印刷株式会社

編集協力　武部　隆
装幀・本文デザイン　山之口正和（OKIKATA）
イラスト　富永三紗子
編集・DTP　天野里美
編　　集　坂本建一郎・井上瑶子

ISBN978-4-7887-1755-8　C0040　Printed in Japan